时间分布阶偏微分方程的有限元方法

侯雅馨　刘洋　李宏　著

中国商务出版社
·北京·

图书在版编目（CIP）数据

时间分布阶偏微分方程的有限元方法 / 侯雅馨，刘洋，李宏著. -- 北京 : 中国商务出版社，2024. 6.
ISBN 978-7-5103-5239-3

Ⅰ. 0175.2

中国国家版本馆CIP数据核字第20246AX901号

时间分布阶偏微分方程的有限元方法

SHIJIAN FENBUJIE PIANWEIFEN FANGCHENG DE YOUXIANYUAN FANGFA

侯雅馨　刘洋　李宏　著

出版发行：中国商务出版社有限公司
地　　址：北京市东城区安定门外大街东后巷28号　　邮编：100710
网　　址：http://www.cctpress.com
联系电话：010-64515150（发行部）　010-64212247（总编室）
　　　　　010-64243016（事业部）　010-64248236（印制部）
策划编辑：刘文捷
责任编辑：刘　豪
排　　版：德州华朔广告有限公司
印　　刷：北京建宏印刷有限公司
开　　本：787毫米×1092毫米　1/16
印　　张：10
字　　数：179千字
版　　次：2024年6月第1版
印　　次：2024年6月第1次印刷
书　　号：ISBN 978-7-5103-5239-3
定　　价：58.00元

前　言

近年来，分布阶微分方程在科学和工程应用等领域发挥着重要作用，针对分布阶微积分的研究已成为当前国际学术界的热门课题，引起研究人员的热切关注。与具有固定的记忆特征和非局部特征的分数阶模型相比，分布阶模型可以更准确地描述复杂的动态系统。许多实际工程问题可以用分布阶模型来描述，如热传导、流体流动及反常扩散等。按照分布阶积分项出现的位置不同，可将分布阶微分方程分为时间、空间和时空分布阶微分方程，其中分布阶导数的定义有Caputo型、Riemann-Liouville型、Grünwald-Letnikov型、Riesz型等多种类型。分布阶算子所具有的复杂性和非局部性使求解分布阶微分方程的精确解困难重重，因此学者转而求其数值解，并取得了重要进展。在众多算法中，有限元方法以其较强的区域适应性、更灵活的网格剖分、更低的光滑性要求以及较强的通用性等显著优势，备受学者的青睐。目前很多学者已经发表和出版了关于分布阶微积分、分布阶微分方程及解法的相关文章和专著，但还需要从多个角度进一步补充。这里，基于课题组近几年关于非线性时间分布阶偏微分方程模型的多种有限元方法的部分研究成果，整理和扩充编写成此书。

本书共有7章，以下将简要概述各章内容。

第1章，从分布阶微积分的发展、分布阶微分方程模型的类别及有限元方法在数值求解分布阶微分方程中的进展等方面进行简要介绍。

第2章，提供了Sobolev空间及不等式的相关概念、分数阶微积分定义及关系、分布阶导数的定义、分布阶离散公式以及分数阶微积分逼近公式。

第3章，讨论了带有非线性项的时间分布阶反应扩散模型，构造了基于二阶σ格式的H^1-Galerkin混合有限元（GMFE）方法数值求解该模型。时间方向由二阶σ格式近似，空间方向上采用混合有限元算法进行离散，形成全离散格式。证明了格式的稳定性并推导了未知函数p及中间辅助函数u在L^2范数下的最优误差估计。最后通过数值算例验证了格式的可行性和有效性。

第4章，使用带有位移参数θ的广义向后差分公式（广义BDF2-θ）的有限元（FE）方法求解非线性时间分布阶双曲波动方程。时间方向上使用广义BDF2-θ格式逼近，进而得到FE全离散格式。将具有高阶时间导数的模型转化为包括两个低阶方程的耦合系统。书中详细推导了两个函数u和p的最优误差估计结果并证明了格式的稳定性。最后用数值算例给出格式在时间和空间上的误差和收敛阶。

第5章，讨论二维非线性时间分布阶反应扩散方程的基于加权移位Grünwald差分（WSGD）算子的两层网格交替方向隐式（ADI）有限元算法。时间分布阶导数使用WSGD算子结合数值求积公式逼近，进一步形成非线性时间分布阶反应扩散模型的两层网格ADI有限元全离散格式。书中详细证明了全离散格式的稳定性并进行误差估计的推导，得到了空间方向的二阶收敛精度。最后通过数值算例验证了该方法的计算效率和准确性。

第6章，研究了非线性时间分布阶反应扩散耦合系统，构造了基于移位分数阶梯形公式（SFTR）的ADI有限元方法。时间分布阶导数采用SFTR结合数值求积公式逼近，进一步形成非线性分布阶反应扩散耦合系统的ADI有限元全离散格式。书中详细证明了格式的稳定性并借助投影算子得到未知函数u和v的误差估计结果。最后通过数值算例验证了理论分析的正确性，该算法可以在空间方向上达到最优收敛阶。

第7章，针对非线性时间分布阶反应扩散耦合系统构造了一种基于二阶θ格式的有限元算法。时间分布阶导数使用二阶θ格式结合数值求积公式逼近，进一步形成有限元全离散格式。书中给出了两个函数u和v的最优误差估计结果并严格证明了全离散格式的稳定性。最后通过数值算例验证了格式的正确性。

本书的完成得到了微分方程数值解团队老师的帮助，对他们的付出表示感谢。感谢中国商务出版社编辑为本书的出版给予帮助和付出辛苦。感谢内蒙古工业大学科研启动项目（DC2200000908）、国家自然科学基金项目（12061053、12161063）、内蒙古自治区高校创新团队项目（NMGIRT2413、NMGIRT2207）、内蒙古自治区“草原英才”工程青年创新创业人才项目对本书出版的支持。

由于作者水平有限，书中难免存在一些疏漏、错误和不足，敬请读者批评指正。

作者

2024年5月于呼和浩特

目　录

1 绪论

1.1 分布阶微积分及其微分方程

1967年美国学者Benoit Mandelbrot 首次提出了分形理论，并讨论了分形介质中的布朗运动，随后分数阶微积分迅速发展，并广泛应用于动力系统控制理论、粘弹性系统、非牛顿流体力学等领域[1-15]. 然而由于分数阶的参数是固定的，具有固定的记忆特征和非局部特征，因此，单个分数阶导数无法充分描述扩散指数随时间变化的异常扩散问题. 为了克服这一缺陷，多项分数阶偏微分方程逐步发展为一种有效的替代工具，作为单项分数阶微分方程的改进模型，多项分数阶偏微分方程仍然具有有限的记忆特征和非局部特征，因此学者考虑对导数的阶数在一定的范围内进行积分，就此引入了分布阶导数，因此分布阶模型比分数阶模型更适合描述复杂的动态系统. 分布阶偏微分方程可以看作是单项和多项分数阶偏微分方程的推广. Zhou等[16] 和Diethelm等[17] 曾提出，整数阶偏微方程和分数阶偏微分方程都是分布阶偏微分方程的特例. 1995年，Caputo[18] 提出了具有分布阶导数的微分方程，用于推广非弹性介质中的应力–应变关系. 随着分布阶微积分方程的发展，目前分布阶微积分方程已在粘弹性力学、复合材料的流变特性、信号控制与处理、热传导、流体流动及反常扩散等领域得到了广泛的应用. 很多学者开始关注并重视分布阶模型的发展，发表和出版了分布阶微积分理论和解法的相关文章和专著[17-26]. 按照定义方式、分布阶积分项的时空位置、物理意义等方面的不同表现，分布阶微分方程可分为多种类型，如时间分布阶微分方程可用于描述一些扩散指数随时间变化的复杂过程，在实际工程技术领域模型的构建和分析中，时间分布阶微分方程已经被广泛应用于粘弹性材料的应力–应变行为、复合材料的流变特性、信号控制与处理、介电感应及扩散等物理现象[27]. 目前学者主要讨论了时间分布阶波动模型[28-31]、时间分布阶（对流）扩散模型[24，32-36]、时间分布阶Cable方程[37-38]等. 空间和时空分布阶微分方程在热传导、流体流动及反常扩散等领域有着广泛的应用. 2015年，Wang等[39] 讨论了一维（1D）和二维（2D）Riesz空间分布阶对流扩散方程. 2017年，Li等在参考文献[40] 中，对空间分布阶扩散模型建立了一种新型有限体积方法．2018年，Zhang等在参考文献[41] 中，分析了二维Riesz空间分布阶对流扩散方程．2019年，Zheng等[42] 给出了三维非线性空间分布阶扩散方程的Crank-Nicolson有限体积近似方法．2020年，Kazmi和Khaliq在参考文献[43] 中建立了求解非线性分布阶空间分数阶反应扩散方程的分步预测–校正方法．2020年，Abbaszadeh等[44]研究了二维时空分布阶弱奇异偏微分模型．

为了深入研究这些方程，学者主要采用解析法[45]和数值法去求解．由于分布阶算子的复杂性和非局部性，大多数分布阶偏微分方程的精确解很难通过解析方法求得，因此使用数值方法求解此类问题受到了学者的广泛关注，也是目前国际上偏微分方程数值解领域的前沿课题之一．为了对分布阶偏微分方程进行数值模拟，通常是通过复合梯形公式[46-47]、辛普森公式[47-48]、高斯求积公式[41，48]及中点求积公式[22-23，26] 等方法离散分布阶积分，将原问题转化为多项分数阶偏微分方程，其中导出的分数阶导数项一般用L1-公式和一些高阶逼近公式如L2-公式、L2-1_σ公式、WSGD 算子、SFTR等格式来逼近．下面我们对分布阶导数的一些逼近公式的发展情况进行简单介绍．

2023年，Liu等[22] 构建了一种新的分布阶时间分数阶模型，用于求解热传导、反常扩散和粘弹性流动问题，使用中点求积规则逼近分布阶积分，L1-公式和L2-公式用于离散时间分数阶导数．同年，Khan等[49] 采用新型分布阶时间分数阶导数对流动问题进行建模，使用中点求积法处理分布阶积分，而非线性耦合时间分数阶导数采用有限差分法和L1-算法进行离散．2022年，Huang 等[50] 讨论了分布阶扩散方程，空间上使用标准有限元方法离散，时间上采用L1-逼近公式离散．

为了提升分布阶导数的逼近精度，除了L1公式外，学者还提出了多种高阶逼近公式并得到迅速发展．2023年，Habibirad等[51] 发展了一种基于Moving Kriging插值和有限差分法的混合方法来求解分布阶偏微分方程，利用M点Gauss-Legendre求积公式对分布积分进行离散，然后应用 L2-1_σ 方法来逼近分数阶导数．2021年，Wen等[52] 引入时间二网格（TT-M）算法结合H^1-Galerkin混合有限元方法数值求解非线性分布阶扩散模型．2020年，Qiu等[53] 提出了求解二维分布阶时间分数阶移动–不变方程的ADI Galerkin有限元方法，采用WSGD公式离散分布阶时间分数阶导数. 2020年，Gao等[37] 采用WSGD公式和Composite Trapezoid公式的非结构网格Galerkin有限元方法求解非规则凸域上的非齐次二维分布阶时间分数阶Cable方程. 2018年，Yang等[54] 研究了二维分布阶反应扩散方程的正交样条配置方法，时间方向采用WSGD公式离散. 2020年，Yin 等在参考文献[55] 中提出SFTR并用于求解空间分数阶反应扩散方程. 同年，Yin 等在参考文献[56]中，应用SFTR求解高维非线性空间分数阶 Schrödinger 方程.

这里仅介绍了部分分布阶项的逼近方法，还有很多学者提出或应用了其他方法，这里不再一一罗列.

1.2 有限元方法在求解分布阶模型中的应用

目前求解分布阶偏微分方程的数值方法主要包括两大类：无网格法和基于网格的方法. 使用无网格法数值求解分布阶偏微分方程的基本思路是使用正交基函数将分布阶偏微分方程转换为代数方程组，主要包括Galerkin谱方法[57-58]、配点法[8, 59]、Tau方法[32, 60]、Chelyshkov多项式方法[61]及小波近似方法[62]等. 但是对于一些不规则区域的复杂问题，使用无网格法计算较为困难，因此我们通常采用基于网格的方法进行计算，主要包括有限差分法[35, 51, 64]和有限元法[48, 52].

有限元法具有区域适应性强、网格划分灵活、光滑性要求较低、通用性强等优点，是数值求解分布阶偏微分方程的重要手段. 1915年，Galerkin提出用展开函数中的形函数表示整个定义域上的未知函数，这就是Galerkin方法的思想. 20世纪60年代左右，我国的冯康院士和美国科学家R.W.Clough 教授分别独立构建了有限元方法的框架体系和理论基础[64]，为有限元方法的高效发展奠定了坚实的基础.

自20世纪50年代以来，有限元方法的应用主要集中在近似计算整数阶微分方程问题，直到最近十几年，有限元方法才逐步在数值求解分数阶微分方程方面崭露头角[3, 6, 65-76]. 近年来，学者逐步应用有限元方法数值求解分布阶偏微分方程，并取得了重要成果. 2018年，Li 和 Rui[77] 发展了分布阶扩散方程的两种与高精度插值近

似相结合的 H^1-Galerkin 混合有限元方法，并给出了理论证明．2020年，Bu等在参考文献[48] 中使用几类数值求积公式逼近分布阶导数项，并构造了一类时空元算法数值求解时间分布阶反应扩散模型，在时空方向上均采用有限元法离散．2020年，Li等[78]考虑了修正的时间分布阶反常亚扩散方程，时间方向采用差分法，空间方向采用Galerkin有限元法，给出了稳定性和收敛性分析．2020年，Gao等在参考文献[37]中讨论了非规则区域上的二维时间分布阶Cable方程，提出了非均匀网格Galerkin有限元方法，得到了最优收敛结果．2020 年，Qiu 等[53] 构造了二维时间分布阶移动–非移动方程的有限元法并给出了理论证明．2021年，Wen 等[52]发展了一种时间双网格算法与 H^1-Galerkin 混合有限元方法相结合的数值方法，用于求解非线性分布阶扩散模型，该方法的计算速度比传统的 H^1-Galerkin 混合有限元方法更快．除此之外，还有很多其他学者开展了关于分数阶和分布阶偏微分方程的有限元方法的研究工作，我们不再一一列出．

本书将发展非线性时间分布阶偏微分方程的传统有限元方法、非标准混合有限元方法、两层网格有限元方法以及ADI 有限元方法，推导这些方法的误差估计和稳定性等理论结果并给出数值算例验证理论结果的有效性．

2　预备知识

本章给出常用的Sobolev空间及相应范数的定义[79-81]，常用不等式如Gronwall引理（不等式）、Cauchy-Schwarz不等式及Young不等式等[80-86]，同时给出分数阶导数的定义及其关系[67-88]、分布阶导数的定义以及分数阶微积分逼近公式等内容.

2.1 Sobolev空间及相应的范数

定义2.1.1 设Ω是R^2上的Lebesgue非空可测集，则$L^2(\Omega)$表示在Ω上Lebesgue平方可测的函数空间，定义为

$$L^2(\Omega) = \{u: \|u\| < \infty\}, \tag{2.1.1}$$

且$L^2(\Omega)$空间上的内积和范数定义为

$$(u,v) := \int_\Omega uv\mathrm{d}x, \|u\| := \left(\int_\Omega |u|^2\, dx\right)^{\frac{1}{2}}, \forall u,v \in L^2(\Omega). \tag{2.1.2}$$

定义 2.1.2 定义$L^\infty(\Omega)$空间为

$$L^\infty(\Omega) = \left\{u{:}\mathrm{ess}\sup_{x\in\Omega}|u(x)| < \infty\right\}, \tag{2.1.3}$$

相应的范数定义如下

$$\|u\|_{L^\infty(\Omega)} = \mathrm{ess}\sup_{x\in\Omega}|u(x)|, \forall u \in L^\infty(\Omega). \tag{2.1.4}$$

定义2.1.3 设m为整数，$1 \leqslant p \leqslant +\infty$为实数，则Sobolev空间$W^{m,p}(\Omega)$定义为

$$W^{m,p}(\Omega) = \{u \in L^p(\Omega)|: |\alpha| \leqslant m, D^\alpha u \in L^p(\Omega)\}. \tag{2.1.5}$$

其中，$L^p(\Omega) = \left\{u: \int_\Omega |u|^p\mathrm{d}x < +\infty\right\}$，相应的范数定义为

$$\|u\|_{L^p} = \|u\|_{p,\Omega} = \left(\int_\Omega |u|^p\mathrm{d}x\right)^{\frac{1}{p}}. \tag{2.1.6}$$

特别地，当$p=2$时，简记$\|u\|_{2,\Omega}=\|u\|$；当$m=0$时，有 $W^{0,p}(\Omega)=L^p(\Omega)$.

定义2.1.4 在空间$W^{m,p}(\Omega)$上的范数定义为

（1）当$1\leqslant p<+\infty$时，

$$\|u\|_{m,p,\Omega}=\left(\sum_{|\alpha|\leqslant m}\int_{\Omega}|D^{\alpha}u|^{p}\mathrm{d}x\right)^{\frac{1}{p}}. \tag{2.1.7}$$

当$p=2$时，我们记空间$W^{m,2}(\Omega)=H^m(\Omega)$，相应的范数记作$\|u\|_{m,2,\Omega}=\|u\|_m$；特别地，当$m=0$, $p=2$时，我们记空间$H^0(\Omega)=L^2(\Omega)$，相应的范数为$\|u\|_{0,2,\Omega}=\|u\|_0=\|u\|$.

（2）当$p=+\infty$时，

$$\|u\|_{m,\infty,\Omega}=\sup_{|\alpha|\leqslant m}\left\{\operatorname*{ess\,sup}_{x\in\Omega}|D^{\alpha}u|\right\}. \tag{2.1.8}$$

当$m=0$时，记$\|u\|_{0,\infty,\Omega}=\|u\|_{\infty}$.

定义2.1.5 在空间$W^{m,p}(\Omega)$上的半范数定义为

（1）当$1\leqslant p<+\infty$时，

$$|u|_{m,p,\Omega}=\left(\sum_{|\alpha|=m}\int_{\Omega}|D^{\alpha}u|^{p}\mathrm{d}x\right)^{\frac{1}{p}}. \tag{2.1.9}$$

特别地，当$m=0$时，有$|u|_{0,p,\Omega}=\|u\|_{p,\Omega}$.

（2）当$p=+\infty$时，

$$|u|_{m,\infty,\Omega}=\sup_{|\alpha|=m}\left\{\operatorname*{ess\,sup}_{x\in\Omega}|D^{\alpha}u|\right\}. \tag{2.1.10}$$

2.2 常用引理

引理2.2.1 （Poincaré不等式）设$\Omega\subset\mathbb{R}^n$为有界区域，$\Gamma\subset\partial\Omega$，$\mathrm{meas}(\Gamma)>0$. 则存在常数$C=C(\Omega)>0$，有

$$\|u\|_{1,p}\leqslant C\left(|u|_{1,p}+\left|\int_{\Gamma}u\mathrm{d}s\right|\right), u\in W^{1,p}(\Omega),\ 1\leqslant p\leqslant\infty. \tag{2.2.1}$$

特别地，当$u\in W_0^{1,p}(\Omega)$时，上述不等式给出了$W_0^{1,p}(\Omega)$空间中范数$\|\cdot\|_{1,p}$和半范

数$|\cdot|_{1,p}$的等价性，即

$$\|u\|_{0,p} \leqslant C|u|_{1,p}, u \in W_0^{1,p}(\Omega), 1 \leqslant p \leqslant \infty. \tag{2.2.2}$$

引理2.2.2（Hölder不等式）设$1 \leqslant p, q \leqslant +\infty$，满足1/p+1/q=1，则$\forall f \in L^p(\Omega)$和$\forall g \in L^q(\Omega)$有

$$\int_\Omega |fg|\,\mathrm{d}x \leqslant \left(\int_\Omega |f|^p\,\mathrm{d}x\right)^{\frac{1}{p}} \cdot \left(\int_\Omega |g|^q\,\mathrm{d}x\right)^{\frac{1}{q}} = \|f\|_{p,\Omega}\|g\|_{q,\Omega}. \tag{2.2.3}$$

（1）特别地，当$p=q=2$时，有如下Cauchy-Schwarz不等式

$$\int_\Omega |fg|\,\mathrm{d}x \leqslant \left(\int_\Omega |f|^2\mathrm{d}x\right)^{\frac{1}{2}} \cdot \left(\int_\Omega |g|^2\,\mathrm{d}x\right)^{\frac{1}{2}} = \|f\|\|g\|, \tag{2.2.4}$$

和

$$\| f^2 \|^2 = \int_\Omega f^2 f^2\,\mathrm{d}x = \left[\left(\int_\Omega |f|^4\,\mathrm{d}x\right)^{\frac{1}{4}}\right]^4 = \|f\|_{4,\Omega}^4. \tag{2.2.5}$$

（2）除了满足引理条件，若$r=\infty$，且满足$fg \in L^1(\Omega)$和$h \in L^\infty(\Omega)$，则有

$$\int_\Omega |hfg|\,\mathrm{d}x \leqslant \|h\|_\infty \int_\Omega |fg|\,\mathrm{d}x \leqslant \|h\|_\infty \|f\|_{p,\Omega}\|g\|_{q,\Omega}. \tag{2.2.6}$$

引理2.2.3（Young不等式）设a, b为正实数和对$\forall \epsilon > 0$，成立

$$ab \leqslant \epsilon a^2 + \frac{b^2}{4\epsilon}. \tag{2.2.7}$$

特别地，对于$\epsilon = \frac{1}{2}$，有

$$ab \leqslant \frac{a^2}{2} + \frac{b^2}{2}. \tag{2.2.8}$$

即

$$(a+b)^2 \leqslant 2(a^2+b^2). \tag{2.2.9}$$

引理2.2.4（离散Gronwall引理）设ψ_n是非负数列且满足

$$\psi_0 \leqslant \alpha_0,\ \psi_n \leqslant \alpha_n + \sum_{j=0}^{n-1} \omega_j \psi_j,\ n \geqslant 1, \tag{2.2.10}$$

其中$\omega_j \geqslant 0$，$\{\alpha_n\}$是非负的单调不减数列，则

$$\psi_n \leqslant \alpha_n e^{\sum_{j=0}^{n-1} \omega_j}, n \geqslant 1. \tag{2.2.11}$$

2.3 分数阶导数定义及其关系

对于分数阶导数，一些学者提出不同的定义，如Riemann-Liouville型导数、Riesz型导数、Caputo型导数等，下面主要介绍左侧Riemann-Liouville分数阶导数（简称Riemann-Liouville分数阶导数）和左侧Caputo分数阶导数（简称Caputo分数阶导数）.

定义2.3.1[84, 86]（Riemann-Liouville分数阶导数）设γ是任意非负实数，满足$n-1\leqslant\gamma<n\,(n\in\mathbb{N}^+)$，$f(t)$是定义在$[a,b]$（$a,b$可以分别取有限数及$\pm\infty$）上的函数，称

$$
{}_a^R D_t^{\gamma} f(t)=\frac{1}{\Gamma(n-\gamma)}\frac{\mathrm{d}^n}{\mathrm{d}t^n}\int_a^t\frac{f(s)}{(t-s)^{\gamma+1-n}}\mathrm{d}s,\forall t\in[a,b] \tag{2.3.1}
$$

为γ阶Riemann-Liouville导数.

定义2.3.2[84, 86]（Caputo分数阶导数）设γ是任意非负实数，满足$n-1\leqslant\gamma<n\,(n\in Z^+)$，$f(t)$是定义在$[a,b]$（$a,b$可以分别取有限数及$\pm\infty$）上的函数，称

$$
{}_a^C D_t^{\gamma} f(t)=\frac{1}{\Gamma(n-\gamma)}\int_a^t\frac{f^{(n)}(\tau)}{(t-\tau)^{\gamma+1-n}}\mathrm{d}\tau,\forall t\in[a,b] \tag{2.3.2}
$$

为γ阶Caputo导数.

引理2.3.1[84, 86] Caputo分数阶导数与Riemann-Liouville分数阶导数存在关系式

$$
{}_a^R D_t^{\gamma} f(t)={}_a^C D_t^{\gamma} f(t)+\sum_{j=0}^{n-1}\frac{f^{(j)}(a)}{\Gamma(1+j-\gamma)}(t-a)^{j-\gamma},n-1\leqslant\gamma<n. \tag{2.3.3}
$$

2.4 分布阶导数的定义

分布阶导数的定义有多种形式，根据分数阶导数的不同类型，可以得到相应的分布阶导数定义，其中常用的有Riemann-Liouville型分布阶导数、Caputo型分布阶导数等,下面主要介绍本书涉及的Caputo型分布阶导数.

定义2.4.1 （Caputo分布阶导数）设$\gamma \in [0,1]$权重函数$\omega(\gamma) \geqslant 0$，$\int_0^1 \omega(\gamma)\mathrm{d}\gamma = C$，其中$C > 0$为正常数，${}_0^C D_t^\gamma f(t)$是Caputo型分数阶导数，则称

$$\mathcal{D}_t^\omega f(t) = \int_0^1 \omega(\gamma){}_0^C D_t^\gamma f(t)\mathrm{d}\gamma$$

为γ阶Caputo型分布阶导数.

注2.4.1 本书中，定义$H^m(\Omega)$、$L^\infty(\Omega)$、$L^2(\Omega)$和$\|\cdot\|_m, \|\cdot\|_\infty, \|\cdot\|$分别表示传统的Sobolev空间和相应的范数．$L^2(\Omega)$下的内积记为$(\cdot,\cdot)$.

注2.4.2 本书中，在区间$[0,1]$中引入$\alpha_i = i\Delta\alpha, i = 0,1,2\cdots,2I$，这里$\Delta\alpha = \frac{1}{2I}$且$0 = \alpha_0 < \alpha_1 < \alpha_2 < \cdots < \alpha_{2I} = 1$. 对时间区间$[0,T]$上插入节点$t_n = n\Delta t\ (n = 0,1,2,\cdots,N)$，这里$t_n$满足$0 = t_0 < t_1 < t_2 < \cdots < t_N = T$，且对任意的正整数$N$，步长为$\Delta t = T/N$. 对于区间$[0,T]$上的光滑函数$\psi$，记$\psi^n = \psi(t_n)$, $\delta_t \psi^{n+\frac{1}{2}} = \frac{\psi^{n+1} - \psi^n}{\Delta t}$，$\psi^{n+\frac{1}{2}} = \frac{\psi^{n+1} + \psi^n}{2}$.

2.5 分布阶离散公式及分数阶微积分逼近公式

本节将给出后续章节中使用的分布阶项离散数值公式和分数阶微积分逼近公式，主要包括二阶σ逼近公式、广义BDF2-θ逼近公式、WSGD 算子逼近公式和SFTR逼近公式，并给出相关性质.

引理 2.5.1 令 $s(\alpha)\in C^2[0,1]$，可得如下复化梯形公式

$$\int_0^1 s(\alpha)d\alpha=\Delta\alpha\sum_{k=0}^{2I}c_k\,s(\alpha_k)-\frac{\Delta\alpha^2}{12}s^{(2)}(\gamma),\gamma\in(0,1),\tag{2.5.1}$$

其中

$$c_k=\begin{cases}\dfrac{1}{2},\ k=0,\,2I,\\ 1,\ \text{其他}.\end{cases}$$

1. 二阶 σ 逼近公式

下面给出二阶 σ 逼近公式的定义和性质，该逼近公式是由参考文献 [34] 给出详细的证明过程.

引理 2.5.2 定义

$$Q(\sigma)=\sum_{i=0}^{2I}\frac{\zeta_i}{\Gamma(3-\alpha_i)}\sigma^{1-\alpha_i}\left[\sigma-\left(1-\frac{\alpha_i}{2}\right)\right]\Delta t^{2-\alpha_i},\sigma\geqslant 0,\tag{2.5.2}$$

其中，$\zeta_i=\Delta\alpha c_i\omega(\alpha_i)$, $a=\dfrac{1}{2}$, $b=1$. 因此方程 $Q(\sigma)=0$ 有唯一的正根 $\sigma^*\in[a,b]$.

引理 2.5.3 对于 $2I\geqslant 1$，牛顿迭代序列

$$\begin{cases}\sigma_{k+1}=\sigma_k-\dfrac{Q(\sigma_k)}{Q'(\sigma_k)},\ k=0,1,2,\cdots,\\ \sigma_0=b,\end{cases}\tag{2.5.3}$$

是单调递减的，且收敛于 σ^*.

为了简化记号，在后续的证明过程中，记 $\sigma=\sigma^*$，即 $\sigma\in\left[\dfrac{1}{2},1\right]$，且 $Q(\sigma)=0$.

根据引理2.5.2和引理2.5.3以及选定的 σ，下面给出在点 $t=t_{n-1+\sigma}=(n-1+\sigma)\Delta t$ 处的数值微分公式和相应的数值精度.

引理 2.5.4 [34] 假定 $q\in C^3([t_0,t_n])$，有

$$\begin{aligned}Dq(t_{n-1+\sigma})&\equiv\sum_{i=0}^{2I}\zeta_i\,{}_0^C D_t^{\alpha_i}q(t_{n-1+\sigma})\\&=\sum_{i=0}^{2I}\frac{\zeta_i}{\Gamma(1-\alpha_i)}\left(\sum_{k=1}^{n-1}\int_{t_{k-1}}^{t_k}q'(s)(t_{n-1+\sigma}-s)^{-\alpha_i}\mathrm{d}s+\right.\\&\left.\int_{t_{n-1}}^{t_{n-1+\sigma}}q'(s)(t_{n-1+\sigma}-s)^{-\alpha_i}\mathrm{d}s\right),\end{aligned}\tag{2.5.4}$$

且

$$\mathcal{D}q(t_{n-1+\sigma}) \equiv \sum_{i=0}^{2I} \frac{\zeta_i}{\Gamma(1-\alpha_i)} \left(\sum_{k=1}^{n-1} \int_{t_{k-1}}^{t_k} L'_{2,k}(s)(t_{n-1+\sigma}-s)^{-\alpha_i}\,\mathrm{d}s + \int_{t_{n-1}}^{t_{n-1+\sigma}} L'_{1,n}(s)(t_{n-1+\sigma}-s)^{-\alpha_i}\,\mathrm{d}s \right), \tag{2.5.5}$$

其中$L_{1,n}(s)$是$[t_{n-1}, t_n]$上的线性多项式，满足

$$L_{1,n}(t_{n-1}) = q(t_{n-1}), L_{1,n}(t_n) = q(t_n), \tag{2.5.6}$$

$L_{2,n}(s)$是$[t_{k-1}, t_{k+1}]$上的二次多项式，满足

$$L_{2,k}(t_{k-1}) = q(t_{k-1}), L_{2,k}(t_k) = q(t_k), L_{2,k}(t_{k+1}) = q(t_{k+1}). \tag{2.5.7}$$

因此，可以推出

$$\begin{aligned} &|Dq(t_{n-1+\sigma}) - \mathcal{D}q(t_{n-1+\sigma})| \\ &\leqslant \max_{t_0 \leqslant s \leqslant t_n} |q'''(s)| \sum_{i=0}^{2I} \frac{\zeta_i}{\Gamma(2-\alpha_i)} \cdot \left(\frac{1-\alpha_i}{12} + \frac{\sigma}{6} \right) \sigma^{-\alpha_i} \Delta t^{3-\alpha_i}. \end{aligned} \tag{2.5.8}$$

引理2.5.5 数值微分公式$\mathcal{D}q(t_{n-1+\sigma})$写为

$$\mathcal{D}q(t_{n-1+\sigma}) = \sum_{k=0}^{n-1} \widetilde{\kappa_k^n} \big(q(t_{n-k}) - q(t_{n-k-1}) \big), \tag{2.5.9}$$

其中

$$\widetilde{\kappa_k^n} = \sum_{i=0}^{2I} \frac{\zeta_i \Delta t^{-\alpha_i}}{\Gamma(2-\alpha_i)} \kappa_k^{(n,\alpha_i)}. \tag{2.5.10}$$

对于$\alpha \in [0,1]$，记

$a_0^{(\alpha)} = \sigma^{1-\alpha}$,

$a_i^{(\alpha)} = (i+\sigma)^{1-\alpha} - (i-1+\sigma)^{1-\alpha}, i \geqslant 1$,

$b_i^{(\alpha)} = \dfrac{1}{2-\alpha}[(i+\sigma)^{2-\alpha} - (i-1+\sigma)^{2-\alpha}] - \dfrac{1}{2}[(i+\sigma)^{1-\alpha} + (i-1+\sigma)^{1-\alpha}], i \geqslant 1.$

当$n=1$时，

$$\kappa_0^{(n,\alpha)} = a_0^{(\alpha)}. \tag{2.5.11}$$

当$n \geqslant 2$时，

$$\kappa_k^{(n,\alpha)} = \begin{cases} a_0^{(\alpha)} + b_1^{(\alpha)}, k = 0, \\ a_k^{(\alpha)} + b_{k+1}^{(\alpha)} - b_k^{(\alpha)}, 1 \leqslant k \leqslant n-2, \\ a_k^{(\alpha)} - b_k^{(\alpha)}, k = n-1. \end{cases} \tag{2.5.12}$$

根据参考文献 [34]，可得系数 $\{\widetilde{\kappa_k^n}\}$ 的以下几个性质.

引理2.5.6 当 $\alpha_i \in [0,1]$，$i = 0, 1, \cdots, 2I$ 时，有以下不等式成立

$$\widetilde{\kappa_1^n} > \widetilde{\kappa_2^n} > \cdots > \widetilde{\kappa_{n-1}^n} > \sum_{i=0}^{2I} \frac{\zeta_i \Delta t^{-\alpha_i}}{\Gamma(2-\alpha_i)} \cdot \frac{1-\alpha_i}{2}(n-1+\sigma)^{-\alpha_i}. \tag{2.5.13}$$

引理2.5.7 当 $\alpha_i \in [0,1]$，$i = 0, 1, \cdots, 2I$，则存在 $\Delta t_0 > 0$ 使得

$$(2\sigma-1)\widetilde{\kappa_0^n} - \sigma\widetilde{\kappa_1^n} > 0，\Delta t \leqslant \Delta t_0，n \geqslant 2, \tag{2.5.14}$$

因此，可以得到 $\widetilde{\kappa_0^n} > \widetilde{\kappa_1^n}$.

2. 广义BDF2-θ逼近公式

引理2.5.8[74] 在$t_{n-\theta}$处，取$\frac{1}{2} < \alpha < 1$，则基于广义BDF2-θ的Caputo型微分算子的近似公式为

$${}_0^C D_t^\alpha v^{n-\theta} = \tau^{-\alpha} \sum_{i=0}^{n} \psi_i^{(\alpha)} v^{n-i} + E_4^{n-\theta}, \tag{2.5.15}$$

其中$\left|E_4^{n-\theta}\right| \leqslant C\tau^2$.

引理2.5.9[74] 记为

$$\Psi_\tau^{\alpha,n} v := \tau^{-\alpha} \sum_{i=0}^{n} \psi_i^{(\alpha)} v^{n-i}, \tag{2.5.16}$$

其中，卷积权重$\{\psi_i^{(\alpha)}\}_{i=0}^\infty$是下列生成函数的系数，其关系式为

$$\begin{aligned} &\psi^{(\alpha)}(\xi) = \textstyle\sum_{i=0}^\infty \psi_i^{(\alpha)} \xi^i, \\ &\psi^{(\alpha)}(\xi) = \left(\frac{3\alpha-2\theta}{2\alpha} - \frac{2\alpha-2\theta}{\alpha}\xi + \frac{\alpha-2\theta}{2\alpha}\xi^2\right)^\alpha，0 \leqslant \theta \leqslant \min\{\alpha, \frac{1}{2}\}. \end{aligned} \tag{2.5.17}$$

引理2.5.10[74] 广义BDF2-θ的卷积权重$\psi_i^{(\alpha)}$可以通过以下递推公式得到：

$$\begin{aligned} &\psi_0^{(\alpha)} = \left(\frac{3\alpha-2\theta}{2\alpha}\right)^\alpha, \\ &\psi_1^{(\alpha)} = 2(\theta-\alpha)\left(\frac{2\alpha}{3\alpha-2\theta}\right)^{1-\alpha}, \\ &\psi_i^{(\alpha)} = \frac{2\alpha}{i(3\alpha-2\theta)}\left[2(\alpha-\theta)\left(\frac{i-1}{\alpha}-1\right)\psi_{i-1}^{(\alpha)} + (\alpha-2\theta)\left(1-\frac{i-2}{2\alpha}\right)\psi_{i-2}^{(\alpha)}\right], i \geqslant 2. \end{aligned} \tag{2.5.18}$$

引理2.5.11[74] 设$\{\psi_i^\alpha\}, \alpha \in (0,1)$是由式（2.5.17）定义的$\psi^{(\alpha)}(\xi)$ 的系数，其中，θ满足$0 \leqslant \theta \leqslant \min\{\alpha, \frac{1}{2}\}$，则有

$$\sum_{m=0}^{n-1} v^m \sum_{k=0}^{m} \psi_{m-k}^{(\alpha)} v^k \geqslant 0, \forall (v^0, v^1, \cdots, v^{n-1}) \in R^n, \forall n \geqslant 1 \tag{2.5.19}$$

引理2.5.12[74] 设$\theta \leqslant \dfrac{1}{2}$且$v^0 = 0$，则

$$\sum_{m=1}^{n} v^{m-\theta} v^m \geqslant 0, \forall (v^1, v^2, \cdots, v^n) \in R^n, \forall n \geqslant 1, \tag{2.5.20}$$

其中$v^{m-\theta} \coloneqq (1-\theta)v^m + \theta v^{m-1}$.

引理2.5.13[89] 序列$\{v^n\}(n \geqslant 2)$满足不等式

$$\left(\partial_t\left[v^{n-\theta}\right], v^{n-\theta}\right) \geqslant \frac{1}{4\tau}\left(\mathcal{G}[v^n] - \mathcal{G}[v^{n-1}]\right), \tag{2.5.21}$$

其中

$$\begin{aligned}\mathcal{G}[v^n] = (3-2\theta)\|v^n\|^2 - (1-2\theta)\|v^{n-1}\|^2 + \\ (2-\theta)(1-2\theta)\|v^n - v^{n-1}\|^2,\end{aligned} \tag{2.5.22}$$

且

$$\mathcal{G}[v^n] \geqslant \|v^n\|^2. \tag{2.5.23}$$

3. WSGD 算子逼近公式

WSGD 算子逼近公式是由 Tian W Y等在参考文献 [90] 中提出的，下面给出该逼近公式的相关性质.

引理2.5.14[90-91] 当$0 < \alpha < 1$时，有

$$\begin{aligned}{}_0^C D_t^\alpha u(x, y, t_{n+1}) &= \sum_{j=0}^{n+1} (\Delta t)^{-\alpha} q_\alpha(j) u\left(x, y, t_{n+1-j}\right) + O(\Delta t^2) \\ &\triangleq \mathcal{D}_{\Delta t}^{\alpha, n+1} u + O(\Delta t^2),\end{aligned} \tag{2.5.24}$$

其中

$$q_\alpha(j) = \begin{cases} \dfrac{2+\alpha}{2}\gamma_0^\alpha, j = 0, \\ \dfrac{2+\alpha}{2}\gamma_j^\alpha - \dfrac{\alpha}{2}\gamma_{j-1}^\alpha, j > 0, \end{cases} \tag{2.5.25}$$

且

$$\gamma_0^\alpha = 1;\ \gamma_j^\alpha = \frac{\Gamma(j-\alpha)}{\Gamma(-\alpha)\Gamma(j+1)};$$
$$\gamma_j^\alpha = \left(1 - \frac{\alpha+1}{j}\right)\gamma_{j-1}^\alpha,\ j \geqslant 1. \tag{2.5.26}$$

引理2.5.15[92] 由引理2.5.14给出的序列$\{\gamma_j^\alpha\}$，具有下列性质

$$\gamma_0^\alpha = 1 > 0;\ \gamma_j^\alpha < 0, (j = 1, 2, \cdots);\ \sum_{j=1}^{\infty} \gamma_j^\alpha = -1. \tag{2.5.27}$$

引理2.5.16[90-93] 由式（2.5.25）定义的序列$\{q_\alpha(j)\}$有以下性质，其中n为任意的整数，N为任意的正整数，向量$(u^0, u^1, \cdots, u^N) \in R^{N+1}$.

$$\sum_{n=0}^{N}\left(\sum_{j=0}^{n} q_\alpha(j) u^{n-j},\ u^n\right) \geqslant 0. \tag{2.5.28}$$

4. SFTR逼近公式

引理2.5.17[55] 在时间 $t_{n-\theta}$ 处，取 $\gamma \in (0,1]$，可以得到运用SFTR离散 Caputo 型微分算子的格式如下：

$${}_0^C D_t^\gamma \xi^{n-\theta} = \Delta t^{-\gamma} \sum_{j=0}^{n} \psi_j^{(\gamma)} \xi^{n-j} + E_{1\gamma}^{n-\theta}, \tag{2.5.29}$$

其中$\left|E_{1\gamma}^{n-\theta}\right| \leqslant C\Delta t^2$.

引理2.5.18[55] 记

$$\Psi_{\Delta t}^{\gamma, n} \xi \coloneqq \Delta t^{-\gamma} \sum_{j=0}^{n} \psi_j^{(\gamma)} \xi^{n-j}, \tag{2.5.30}$$

其中权重序列$\{\psi_j^{(\gamma)}\}_{j=0}^{\infty}$是以下生成函数的系数，这里$\psi^{(\gamma)}(\kappa) = \sum_{j=0}^{\infty} \psi_j^{(\gamma)} \kappa^j$,

$$\psi^{(\gamma)}(\kappa) = \left(\frac{1-\kappa}{\frac{1}{2}(1+\kappa) + \frac{\theta}{\gamma}(1-\kappa)}\right)^\gamma, 0 < \theta \leqslant \frac{1}{2}. \tag{2.5.31}$$

引理2.5.19[55] SFTR公式中的权重函数$\psi_j^{(\gamma)}$可使用以下递归公式推导：

$$
\begin{aligned}
&\psi_0^{(\gamma)}=\left(\frac{2\gamma}{\gamma+2\theta}\right)^{\gamma},\\
&\psi_1^{(\gamma)}=-\gamma\left(\frac{2\gamma}{\gamma+2\theta}\right)^{\gamma+1},\\
&\psi_j^{(\gamma)}=\left(\frac{2\gamma}{j(\gamma+2\theta)}\right)\left(\left(\frac{2\theta}{\gamma}(j-1)-\gamma\right)\psi_{j-1}^{(\gamma)}+\frac{\gamma-2\theta}{2\gamma}(j-2)\psi_{j-2}^{(\gamma)}\right),\ j\geqslant 2,
\end{aligned}
\tag{2.5.32}
$$

其中，权重$\{\psi_j^{(\gamma)}\}_{j=0}^{N}$是由式（2.5.31）定义的生成函数的系数.

引理2.5.20[72, 89] 在$t_{n-\theta}$处，取$u(t),v(t)\in C^2[0,T]$有

$$
\bar{\mathcal{F}}(t_{n-\theta})=(1-\theta)\overline{\mathcal{F}^n}+\theta\bar{\mathcal{F}}^{n-1}+E_2^{n-\theta},\tag{2.5.33}
$$

和

$$
\begin{aligned}
&\mathcal{F}\big(u(t_{n-\theta}),v(t_{n-\theta})\big)\\
&=(2-\theta)\mathcal{F}(u^{n-1},v^{n-1})-(1-\theta)\mathcal{F}(u^{n-2},v^{n-2})+E_3^{n-\theta},
\end{aligned}
\tag{2.5.34}
$$

其中，$E_2^{n-\theta}=O(\Delta t^2),E_3^{n-\theta}=O(\Delta t^2)$.

引理2.5.21 令$\{\psi_k^{\gamma}\},\gamma\in(0,1)$是方程（2.5.31）定义的$\psi^{(\gamma)}(\kappa)$的系数，$\theta$满足$0\leqslant\theta\leqslant\frac{1}{2}$，可得

$$
\sum_{n=0}^{N-1}\xi^n\sum_{l=0}^{n}\psi_{n-l}^{(\gamma)}\xi^k\geqslant 0,\ \forall(\xi^0,\xi^1,\cdots,\xi^{N-1})\in R^n,N\geqslant 1.\tag{2.5.35}
$$

证明：不等式（2.5.35）是一个与生成函数有关的Toeplitz格式[94]

$$
\begin{aligned}
f_{\gamma}(x)&=\psi_0^{(\gamma)}+\frac{1}{2}\sum_{j=1}^{\infty}\psi_j^{(\gamma)}e^{ijx}+\frac{1}{2}\sum_{j=1}^{\infty}\psi_j^{(\gamma)}e^{-ijx}\\
&=\frac{1}{2}\psi^{(\gamma)}(e^{ix})+\frac{1}{2}\psi^{(\gamma)}(e^{-ix}),\ x\in[0,\pi].
\end{aligned}
\tag{2.5.36}
$$

对于任意固定的$\gamma\in(0,1)$和$\forall\theta\in\left[0,\frac{1}{2}\right]$下面证明$f_{\gamma}(x)$是非负的，之后根据参考文献 [94] 中的定理，可知不等式（2.5.35）成立.

将方程（2.5.31）中定义的$\psi^{(\gamma)}(\kappa)$写为

$$
\psi^{(\gamma)}(\kappa)=\left(\frac{2\gamma}{\gamma+2\theta}\right)^{\gamma}(1-k)^{\gamma}(1-\lambda k)^{-\gamma},\ \lambda=\frac{2\theta-\gamma}{\gamma+2\theta}\in\left[-\frac{1}{2},\frac{1}{2}\right].\tag{2.5.37}
$$

由于

$$\left(1-e^{\pm ix}\right)^{\gamma}=\left(2\sin\left(\frac{x}{2}\right)\right)^{\gamma}e^{\pm\frac{i\gamma}{2}(x-\pi)},$$
$$\left(1-\lambda e^{\pm ix}\right)^{\gamma}=(1+\lambda^2-2\lambda\cos x)^{\frac{\gamma}{2}}e^{\pm i\gamma\phi},\ \phi=-\arctan\frac{\lambda\sin x}{1-\lambda\cos x}. \tag{2.5.38}$$

因此，有

$$f_{\gamma}(x)=\left(\frac{2\gamma}{\gamma+2\theta}\right)^{\gamma}\left(2\sin\frac{x}{2}\right)^{\gamma}(1+\lambda^2-2\lambda\cos x)^{-\frac{\gamma}{2}}\cos\left(\frac{\gamma}{2}(x-\pi)-\gamma\phi\right). \tag{2.5.39}$$

令$h(x,\lambda):=\frac{x-\pi}{2}-\phi=\frac{x-\pi}{2}+\arctan\frac{\lambda\sin x}{1-\lambda\cos x}$，其中，$(x,\lambda)\in[0,\pi]\times\left[-\frac{1}{2},\frac{1}{2}\right]$. 则可得

$$\frac{\partial h}{\partial\lambda}=\frac{\sin x}{\lambda^2-2\lambda\cos x+1}\geqslant 0, \tag{2.5.40}$$

即对于固定的x, $h(x,\lambda)$是单调递增的，则

$$h(x,\lambda)\in\left[h\left(x,-\frac{1}{2}\right),h\left(x,\frac{1}{2}\right)\right]. \tag{2.5.41}$$

因此，可得

$$h'\left(x,-\frac{1}{2}\right)=\frac{3}{8\cos x+10}\geqslant 0,$$
$$h'\left(x,\frac{1}{2}\right)=-\frac{1}{8\cos x-10}\geqslant 0, \tag{2.5.42}$$

即$h\left(x,-\frac{1}{2}\right)$和$h\left(x,\frac{1}{2}\right)$都是单调递增函数，所以

$$-\frac{\pi}{2}\leqslant h\left(x,-\frac{1}{2}\right)\leqslant 0,$$
$$-\frac{\pi}{2}\leqslant h\left(x,\frac{1}{2}\right)\leqslant 0. \tag{2.5.43}$$

因此，$h(x,\lambda)\in\left[-\frac{\pi}{2},0\right]$，根据$\gamma\in(0,1)$，我们就证明了$f_{\gamma}(x)\geqslant 0$.

引理 2.5.22[74]　假定$\theta\leqslant\frac{1}{2}$且$\xi^0=0$，可得

$$\sum_{n=1}^{N}\xi^{n-\theta}\xi^n\geqslant 0,\forall(\xi^1,\xi^2,\cdots,\xi^N)\in R^n,N\geqslant 1, \tag{2.5.44}$$

其中，$\xi^{n-\theta}:=(1-\theta)\xi^n+\theta\xi^{n-1}$.

引理 2.5.23[95]　$\forall u_h^l,v_h^l\in W_h$且$u_h^l=v_h^l=0(l<0)$，成立

$$
\begin{aligned}
&\Psi_{\Delta t}^{1,n}(u_h, u_h^n) \geqslant \frac{1}{4\Delta t}(\mathcal{U}_n - \mathcal{U}_{n-1}), n \geqslant 1, \\
&\mathcal{U}_n \geqslant \|u_h^n\|^2, n \geqslant 1, \\
&\Psi_{\Delta t}^{1,n}(v_h, v_h^n) \geqslant \frac{1}{4\Delta t}(\mathcal{V}_n - \mathcal{V}_{n-1}), n \geqslant 1, \\
&\mathcal{V}_n \geqslant \|v_h^n\|^2, n \geqslant 1,
\end{aligned}
\tag{2.5.45}
$$

其中

$$
\begin{aligned}
&\mathcal{U}_n = (3-2\theta)\|u_h^n\|^2 - (1-2\theta)\left\|u_h^{n-1}\right\|^2 + 2\left\|u_h^n - u_h^{n-1}\right\|^2, \\
&\mathcal{V}_n = (3-2\theta)\|v_h^n\|^2 - (1-2\theta)\left\|v_h^{n-1}\right\|^2 + 2\left\|v_h^n - v_h^{n-1}\right\|^2.
\end{aligned}
\tag{2.5.46}
$$

3　非线性时间分布阶反应扩散方程的二阶 σ 格式的混合元算法

混合有限元方法（MFE）[80, 85, 96-97] 是通过引入中间变量，将高阶微分方程转化为低阶耦合系统的一类有效算法. 该算法已成为求解偏微分方程（PDEs）的重要手段，受到学术界的广泛关注. 19世纪70年代，Babuska[98] 和Brezzi[96] 研究了混合有限元的基础理论，随着数值算法的不断发展，学者相继提出了多种混合元数值算法. 1998年，Pani[99] 提出了 H^1-Galerkin混合有限元方法用于求解对流反应扩散方程模型，给出了空间半离散混合有限元格式、多维空间的混合有限元格式和Euler全离散修正混合有限元格式，详细证明了误差估计结果. 与传统混合有限元方法相比较，该方法主要具有两个特点：第一，能够避免LBB相容性条件的要求，有限元空间 W_h 和 V_h 中的多项式次数相互不受限制；第二，可以得到未知量及其梯度的 L^2- 与 H^1- 模最优误差估计. 基于 H^1-Galerkin混合有限元方法的上述优点，学者将该方法应用于求解多种偏微分方程，取得了大量的研究成果. 2002年，Pani和Fairweather在参考文献 [100] 中，讨论了抛物型积分微分方程的空间半离散和时空全离散 H^1-Galerkin混合有限元方法，得到了一维问题的最优阶误差估计，并推广应用至多维问题. 2004年，Pani等[101] 提出了二阶双曲方程的 H^1-Galerkin混合有限元方法数值理论. 2006年，Guo和Chen[97, 102] 利用 H^1-Galerkin混合有限元方法分别求解了Sobolev方程和正则长波方程模型. 2009年，Liu等[103] 基于Schrödinger方程发展了 H^1-Galerkin混合有限元方法，并给出了详细的误差分析证明过程. 2010年，Zhou考虑了一维热输运方程的 H^1-Galerkin混合有限元方法进行了理论分析和数值模拟. 2014年，Liu 等[104] 利用混合元算法数值求解时间分数阶偏微分方程. 2015年，Liu 等 [105] 运用 H^1-Galerkin 混合元方法求解线性时间分数阶反应扩散方程，并给出误差分析和数值计算结果. 同年，Liu 等[106] 采用基L1逼近的混合元算法数值求解含有四阶导数项的非线性分数阶反应扩散模型. 2016年，Wang 等在参考文献 [107] 中分析了非线性时间分数阶水波模型，形成 H^1-Galerkin 混合有限元系统. 2017年，Wang 等[108] 考虑了非线性时间分数阶对流扩散问题，采用二阶向后差分逼近格式离散时间方向，H^1-Galerkin 混合有限元方法离散空间方向，并利用二阶 WSGD 算子逼近时间分数阶导数．同年，Zhao 等在参考文献[109] 中建立了求解时间分数阶扩散方程的两个混合元格式．Shi 等[110] 利用 H^1-Galerkin 混合元方法研究了时间分数阶反应扩散方程的二维情形．随着 H^1-Galerkin 混合有限元方法的进一步发展，近年来学者逐步将该方法推广应用于数值求解分布阶偏微分方程．2018 年，Li 和 Rui[77] 使用 H^1-Galerkin 混合有限元方法结合高精度插值逼近公式引入并分析了两种 H^1-Galerkin 混合有限元格式求解线性分布阶反应扩散问题，实现了二阶收敛精度．从上述文献中我们可以看出，利用 H^1-Galerkin 混合有限元方法求解分布阶偏微分方程的研究还没有得到充分的发展，特别是目前还未看到应用基于二阶 σ 格式的 H^1-Galerkin 混合有限元方法求解非线性时间分布阶偏微分方程的相关研究，需要进一步探索发展．

3.1 引言

考虑非线性时间分布阶反应扩散方程的初边值问题

$$\begin{cases} p_t + \mathcal{D}_t^{\omega} p(x,t) - \dfrac{\partial^2 p}{\partial x^2} - \dfrac{\partial^3 p}{\partial x^2 \partial t} + m(p) = f(x,t), (x,t) \in \Omega \times J, \\ p(0,t) = p(1,t) = 0, t \in \bar{J}, \\ p(x,0) = g(x), x \in \bar{\Omega}. \end{cases} \tag{3.1.1}$$

其中，$\Omega = (0,1)$，$J = (0,T]$．非线性项$m(p)$满足$|m(p)| \leqslant C|p|$且 $|m'(p)| \leqslant C$，(C是正常数)．分布阶导数$\mathcal{D}_t^{\omega} p(x,t)$的定义为

$$\mathcal{D}_t^{\omega} p(x,t) = \int_0^1 \omega(\alpha) {}_0^C D_t^{\alpha} p(x,t) \mathrm{d}\alpha, \tag{3.1.2}$$

其中，$\omega(\alpha) \geqslant 0, \int_0^1 \omega(\alpha)\mathrm{d}\alpha = C_0 > 0$且

$${}_0^C D_t^{\alpha} p(x,t) = \begin{cases} \dfrac{1}{\Gamma(1-\alpha)} \displaystyle\int_0^t (t-\xi)^{-\alpha} \frac{\partial p}{\partial \xi}(x,\xi)\mathrm{d}\xi, 0 \leqslant \alpha < 1, \\ p_t(x,t), \alpha = 1. \end{cases} \tag{3.1.3}$$

本章使用基于二阶σ格式的H^1-GMFE方法求解非线性时间分布阶扩散方程（3.1.1）~（3.1.3）的初边值问题．与标准有限元方法相比，H^1-GMFE 方法可同时得到未知函数p和中间辅助函数$u = p_x$的数值解．受到参考文献[34，72，89]的启发，

我们使用二阶σ格式结合高精度插值离散分布阶导数．同时使用参考文献 [89] 中提及的二阶σ公式离散任意一点$t_{n-1+\sigma}$ $\left(\forall\sigma\in\left[\frac{1}{2},1\right]\right)$处的时间整数阶导数$\frac{\partial u}{\partial t}$（在参考文献 [89] 中，二阶$\sigma$格式被称为二阶$\theta$ 格式）．空间方向上用H^1-GMFE 算法逼近，得到全离散格式．

本章的主要目的是使用基于二阶σ格式的混合元算法求解时间分布阶非线性反应扩散问题，进一步拓展数值求解分布阶偏微分方程的方法．时间方向上利用二阶σ 格式逼近，空间方向上使用混合元格式近似进而得到非线性分布阶反应扩散模型的全离散格式．给出稳定性的详细证明过程和误差分析过程，得到最优收敛结果．最后通过算例验证理论结果的有效性．

本章主要分为六个部分，具体安排如下：3.2 节给出了本章中要用到的一些引理；3.3 节给出了模型的混合有限元离散格式；3.4 节分析了格式的稳定性并推导了L^2范数下的误差估计结果；3.5 节通过数值算例验证了格式的有效性和可行性；3.6 节分析总结了非线性时间分布阶反应扩散方程的二阶σ格式的混合元算法．

3.2　本章所用引理

为了进行时间方向的离散，我们引入以下引理．

引理3.2.1[74, 89, 111]　对于$w(t)\in C^3[0,T]$在时间$t=t_{n-1+\sigma}$处，对于任意的$\sigma\in\left[\frac{1}{2},1\right]$，有

$$\frac{\partial w}{\partial t}(t_{n-1+\sigma})=\begin{cases}\partial_t[w^{n-1+\sigma}]+O(\Delta t^2), n\geqslant 2,\\ \dfrac{w^1-w^0}{\Delta t}+O(\Delta t), n=1,\end{cases} \tag{3.2.1}$$

其中

$$\partial_t[w^{n-1+\sigma}]\triangleq\frac{(1+2\sigma)w^n-4\sigma w^{n-1}+(2\sigma-1)w^{n-2}}{2\Delta t}.$$

引理3.2.2[72, 89] 对于$w(t) \in C^2[0,T]$，在时间$t = t_{n-1+\sigma}$处，$\forall\sigma \in \left[\frac{1}{2}, 1\right]$，可得

$$\begin{aligned} f(t_{n-1+\sigma}) &= \sigma f^n + (1-\sigma)f^{n-1} + O(\Delta t^2) \\ &\triangleq f^{n-1+\sigma} + O(\Delta t^2), \end{aligned} \tag{3.2.2}$$

且

$$\begin{aligned} m\big(w(t_{n-1+\sigma})\big) &= (1+\sigma)m(w^{n-1}) - \sigma m(w^{n-2}) + O(\Delta t^2) \\ &\triangleq m[w^{n-1+\sigma}] + O(\Delta t^2). \end{aligned} \tag{3.2.3}$$

引理3.2.3[89] 对于$u(t) \in C^2[0,T], \forall\sigma \in \left[\frac{1}{2}, 1\right]$，在时间$t_{n-1+\sigma}$处，有

$$\begin{aligned} \frac{\partial u}{\partial x}(t_{n-1+\sigma}) &= \sigma\frac{\partial u^n}{\partial x} + (1-\sigma)\frac{\partial u^{n-1}}{\partial x} + O(\Delta t^2) \\ &\triangleq \frac{\partial u^{n-1+\sigma}}{\partial x} + O(\Delta t^2), \end{aligned} \tag{3.2.4}$$

且

$$\begin{aligned} u(t_{n-1+\sigma}) &= \sigma u^n + (1-\sigma)u^{n-1} + O(\Delta t^2) \\ &\triangleq u^{n-1+\sigma} + O(\Delta t^2). \end{aligned} \tag{3.2.5}$$

引理3.2.4[89, 111] 对于序列$\{\chi^n\}(n \geqslant 2)$，有

$$(\partial_t[\chi^{n-1+\sigma}], \chi^{n-1+\sigma}) \geqslant \frac{1}{4\Delta t}(\mathcal{G}[\chi^n] - \mathcal{G}[\chi^{n-1}]), \tag{3.2.6}$$

其中$\mathcal{G}[\chi^n] = (1+2\sigma)\|\chi^n\|^2 - (2\sigma-1)\|\chi^{n-1}\|^2 + (1+\sigma)(2\sigma-1)\|\chi^n - \chi^{n-1}\|^2$，

且

$$\mathcal{G}[\chi^n] \geqslant \|\chi^n\|^2. \tag{3.2.7}$$

3.3 混合有限元格式

引入中间变量$u = \frac{\partial p}{\partial x}$，非线性分布阶反应扩散方程（3.1.1）可以重新写为

$$\begin{aligned} &(a)\ \frac{\partial p}{\partial x} = u, \\ &(b)\ -p_t - \mathcal{D}_t^{\omega} p(x,t) + \frac{\partial u}{\partial x} + \frac{\partial^2 u}{\partial x \partial t} - m(p) = -f(x,t). \end{aligned} \tag{3.3.1}$$

通过引入$\{p,u\}:[0,T]\longrightarrow H_0^1\times H^1$ 可以得到模型（3.3.1）在时间$t=t_{n-1+\sigma}$处的弱形式为

$$
\begin{aligned}
&(a)\ \left(\frac{\partial p}{\partial x}(t_{n-1+\sigma}),\frac{\partial v}{\partial x}\right)=\left(u(t_{n-1+\sigma}),\frac{\partial v}{\partial x}\right),\ \forall v\in H_0^1,\\
&(b)\ (u_t(t_{n-1+\sigma}),w)+(\mathcal{D}_t^{\omega}u(t_{n-1+\sigma}),w)+\left(\frac{\partial u}{\partial x}(t_{n-1+\sigma}),\frac{\partial w}{\partial x}\right)\\
&\quad+\left(\frac{\partial^2 u}{\partial x\,\partial t}(t_{n-1+\sigma}),\frac{\partial w}{\partial x}\right)-\left(m\big(p(t_{n-1+\sigma})\big),\frac{\partial w}{\partial x}\right)\\
&=-\left(f(t_{n-1+\sigma}),\frac{\partial w}{\partial x}\right),\ \forall w\in H^1.
\end{aligned}
\tag{3.3.2}
$$

假设$s(\alpha)\in C^2[0,1]$，令$s(\alpha)=\omega(\alpha)_0^CD_t^{\alpha}u$，则根据引理2.5.1可以推出

$$
\mathcal{D}_t^{\omega}u=\Delta\alpha\sum_{i=0}^{2I}c_i\,\omega(\alpha_i)_0^CD_t^{\alpha_i}u-R_1,
\tag{3.3.3}
$$

其中$R_1=O(\Delta\alpha^2)$.

根据引理2.5.2 ~ 3.2.3 以及式（3.3.3），方程（3.3.2）可写为

当$n=1$时，

$$
\begin{aligned}
&(a)\ \left(\frac{\partial p^{\sigma}}{\partial x},\frac{\partial v}{\partial x}\right)=\left(u^{\sigma},\frac{\partial v}{\partial x}\right)+\left(R_8^{\sigma}+R_9^{\sigma},\frac{\partial v}{\partial x}\right),\forall v\in H_0^1,\\
&(b)\ (\partial_t[u^1],w)+\left(\widetilde{\kappa_0^1}(u^1-u^0),w\right)+\left(\frac{\partial u^{\sigma}}{\partial x},\frac{\partial w}{\partial x}\right)+\left(\partial_t\left[\frac{\partial u^1}{\partial x}\right],\frac{\partial w}{\partial x}\right)-\left(m(p^0),\frac{\partial w}{\partial x}\right)\\
&=-\left(f^{\sigma},\frac{\partial w}{\partial x}\right)+\left(\sum_{l=1}^{7}R_l^{\sigma},\frac{\partial w}{\partial x}\right),\ \forall w\in H^1.
\end{aligned}
\tag{3.3.4}
$$

当$n\geqslant 2$时，

$$
\begin{aligned}
&(a)\ \left(\frac{\partial p^{n-1+\sigma}}{\partial x},\frac{\partial v}{\partial x}\right)=\left(u^{n-1+\sigma},\frac{\partial v}{\partial x}\right)+\left(R_8^{n-1+\sigma}+R_9^{n-1+\sigma},\frac{\partial v}{\partial x}\right),\forall v\in H_0^1,\\
&(b)\ (\partial_t[u^{n-1+\sigma}],w)+\left(\sum_{k=0}^{n-1}\widetilde{\kappa_k^n}(u^{n-k}-u^{n-k-1}),\ w\right)+\left(\frac{\partial u^{n-1+\sigma}}{\partial x},\frac{\partial w}{\partial x}\right)\\
&\quad+\left(\partial_t\left[\frac{\partial u^{n-1+\sigma}}{\partial x}\right],\frac{\partial w}{\partial x}\right)-\left(m[p^{n-1+\sigma}],\frac{\partial w}{\partial x}\right)\\
&=-\left(f^{n-1+\sigma},\frac{\partial w}{\partial x}\right)+\left(\sum_{l=1}^{7}R_l^{n-1+\sigma},\frac{\partial w}{\partial x}\right),\forall w\in H^1,
\end{aligned}
\tag{3.3.5}
$$

其中，

$$R_1^{n-1+\sigma} = \Delta\alpha \sum_{i=0}^{2I} c_i\, \omega(\alpha_i)\,{}_0^C D_t^{\alpha_i} u(t_{n-1+\sigma}) - \mathcal{D}_t^{\omega} u(t_{n-1+\sigma}) = O(\Delta\alpha^2),$$

$$R_1^{\sigma} = \Delta\alpha \sum_{i=0}^{2I} c_i\, \omega(\alpha_i)\,{}_0^C D_t^{\alpha_i} u(t_{\sigma}) - \mathcal{D}_t^{\omega} u(t_{\sigma}) = O(\Delta\alpha),$$

$$R_2^{n-1+\sigma} = \partial_t[u^{n-1+\sigma}] - \frac{\partial u}{\partial t}(t_{n-1+\sigma}) = O(\Delta t^2),$$

$$R_2^{\sigma} = \frac{u^1 - u^0}{\Delta t} - \frac{\partial u}{\partial t}(t_{\sigma}) \triangleq \partial_t[u^1] - \frac{\partial u}{\partial t}(t_{\sigma}) = O(\Delta t),$$

$$R_3^{n-1+\sigma} = f^{n-1+\sigma} - f(t_{n-1+\sigma}) = O(\Delta t^2), R_3^{\sigma} = f^{\sigma} - f^1 = O(\Delta t),$$

$$R_4^{n-1+\sigma} = m\big(p(t_{n-1+\sigma})\big) - m[p^{n-1+\sigma}] = O(\Delta t^2), R_4^{\sigma} = m(p^{\sigma}) - m(p^0) = O(\Delta t),$$

$$R_5^{n-1+\sigma} = \frac{\partial u^{n-1+\sigma}}{\partial x} - \frac{\partial u}{\partial x}(t_{n-1+\sigma}) = O(\Delta t^2), R_5^{\sigma} = \frac{\partial u^{\sigma}}{\partial x} - \frac{\partial u}{\partial x}(t_{\sigma}) = O(\Delta t),$$

$$R_6^{n-1+\sigma} = \partial_t\left[\frac{u^{n-1+\sigma}}{\partial x}\right] - \frac{\partial^2 u}{\partial x \partial t}(t_{n-1+\sigma}) = O(\Delta t^2),$$

$$R_6^{\sigma} = \partial_t\left[\frac{u^1}{\partial x}\right] - \frac{\partial^2 u}{\partial x \partial t}(t_{\sigma}) = O(\Delta t), \tag{3.3.6}$$

$$R_7^{n-1+\sigma} = \sum_{k=0}^{n-1} \widetilde{\kappa_k^n}\big(u(t_{n-k}) - u(t_{n-k-1})\big) - \Delta\alpha \sum_{i=0}^{2I} c_i\, \omega(\alpha_i)\,{}_0^C D_t^{\alpha_i} u(t_{n-1+\sigma}) = O(\Delta t^{3-\alpha_i}),$$

$$R_7^{\sigma} = \widetilde{\kappa_0^1}\big(u(t_1) - u(t_0)\big) - \Delta\alpha \sum_{i=0}^{2I} c_i\, \omega(\alpha_i)\,{}_0^C D_t^{\alpha_i} u(t_{\sigma}) = O(\Delta t^{2-\alpha_i}),$$

$$R_8^{n-1+\sigma} = \frac{\partial p^{n-1+\sigma}}{\partial x} - \frac{\partial p}{\partial x}(t_{n-1+\sigma}) = O(\Delta t^2),$$

$$R_8^{\sigma} = \frac{\partial p^{\sigma}}{\partial x} - \frac{\partial p}{\partial x}(t_{\sigma}) = O(\Delta t),$$

$$R_9^{n-1+\sigma} = u(t_{n-1+\sigma}) - u^{n-1+\sigma} = O(\Delta t^2), R_9^{\sigma} = u(t_{\sigma}) - u^{\sigma} = O(\Delta t).$$

令V_h和W_h分别为H_0^1和H^1的子空间，有[99]

$$\begin{aligned}
&(a) \inf_{v_h \in V_h} \{\|v - v_h\|_{L^p(\Omega)} + h\|v - v_h\|_{W^{1,p}(\Omega)}\} \\
&\leqslant Ch^{k+1}\|v\|_{W^{k+1,p}(\Omega)}, \forall v \in H_0^1 \cap W^{k+1,p}(\Omega), \\
&(b) \inf_{w_h \in W_h} \{\|w - w_h\|_{L^p(\Omega)} + h\|w - w_h\|_{W^{1,p}(\Omega)}\} \\
&\leqslant Ch^{r+1}\|w\|_{W^{k+1,p}(\Omega)}, \forall w \in H^1 \cap W^{r+1,p}(\Omega),
\end{aligned} \tag{3.3.7}$$

其中，$W^{m,p}(\Omega)(1 \leqslant p \leqslant \infty)$ 是传统的 Sobolev 空间，记为$W^{m,p}$相应的范数记为$\|\cdot\|_{m,p}$，且 k 和 r 均为正整数.我们引入 $\{p_h^n, u_h^n\} \in V_h \times W_h$ 使得

当$n = 1$时，

$$
\begin{aligned}
&(a)\left(\frac{\partial p_h^{\sigma}}{\partial x},\frac{\partial v_h}{\partial x}\right)=\left(u_h^{\sigma},\frac{\partial v_h}{\partial x}\right),\forall v_h\in V_h,\\
&(b)(\partial_t[u_h^1],w_h)+\left(\widetilde{\kappa_0^1}(u_h^1-u_h^0),w_h\right)+\left(\frac{\partial u_h^{\sigma}}{\partial x},\frac{\partial w_h}{\partial x}\right)\\
&\quad+\left(\partial_t\left[\frac{\partial u_h^1}{\partial x}\right],\frac{\partial w_h}{\partial x}\right)-\left(m(p_h^0),\frac{\partial w_h}{\partial x}\right)\\
&=-\left(f^{\sigma},\frac{\partial w_h}{\partial x}\right),\forall w_h\in W_h.
\end{aligned}
\tag{3.3.8}
$$

当$n\geqslant 2$时，

$$
\begin{aligned}
&(a)\left(\frac{\partial p_h^{n-1+\sigma}}{\partial x},\frac{\partial v_h}{\partial x}\right)=\left(u_h^{n-1+\sigma},\frac{\partial v_h}{\partial x}\right),\forall v_h\in V_h,\\
&(b)(\partial_t[u_h^{n-1+\sigma}],w_h)+\left(\sum_{k=0}^{n-1}\widetilde{\kappa_k^n}\left(u_h^{n-k}-u_h^{n-k-1}\right),w_h\right)+\left(\frac{\partial u_h^{n-1+\sigma}}{\partial x},\frac{\partial w_h}{\partial x}\right)\\
&\quad+\left(\partial_t\left[\frac{\partial u_h^{n-1+\sigma}}{\partial x}\right],\frac{\partial w_h}{\partial x}\right)-\left(m[p_h^{n-1+\sigma}],\frac{\partial w_h}{\partial x}\right)\\
&=-\left(f^{n-1+\sigma},\frac{\partial w_h}{\partial x}\right),\forall w_h\in W_h.
\end{aligned}
\tag{3.3.9}
$$

下面我们给出式（3.3.8）和式（3.3.9）的稳定性分析和误差估计结果.

3.4 稳定性分析与误差估计

定理3.4.1 对于模型（3.3.8）和（3.3.9），有以下稳定性结论成立

$$
\left\|p_h^{n-1+\sigma}\right\|+\|u_h^n\|_1\leqslant C\left(\left\|p_h^0\right\|+\left\|u_h^0\right\|_1+\max_{0\leqslant l\leqslant n}\left\|f^l\right\|\right).
\tag{3.4.1}
$$

证明：当$n\geqslant 2$时，令方程（3.3.9）(b)中$w_h=u_h^{n-1+\sigma}$，有

$$
\begin{aligned}
&(\partial_t[u_h^{n-1+\sigma}],u_h^{n-1+\sigma})+\left(\sum_{k=0}^{n-1}\widetilde{\kappa_k^n}\left(u_h^{n-k}-u_h^{n-k-1}\right),u_h^{n-1+\sigma}\right)+\left\|\frac{\partial u_h^{n-1+\sigma}}{\partial x}\right\|^2\\
&+\left(\partial_t\left[\frac{\partial u_h^{n-1+\sigma}}{\partial x}\right],\frac{\partial u_h^{n-1+\sigma}}{\partial x}\right)-\left(m[p_h^{n-1+\sigma}],\frac{\partial u_h^{n-1+\sigma}}{\partial x}\right)\\
&=-\left(f^{n-1+\sigma},\frac{\partial u_h^{n-1+\sigma}}{\partial x}\right).
\end{aligned}
\tag{3.4.2}
$$

由引理 3.2.4 可以推出

$$
\begin{aligned}
&(a)(\partial_t[u_h^{n-1+\sigma}],u_h^{n-1+\sigma})\geqslant\frac{1}{4\Delta t}(\mathcal{G}[u_h^n]-\mathcal{G}[u_h^{n-1}]),\\
&(b)\left(\partial_t\left[\frac{\partial u_h^{n-1+\sigma}}{\partial x}\right],\frac{\partial u_h^{n-1+\sigma}}{\partial x}\right)\geqslant\frac{1}{4\Delta t}\left(\mathcal{G}\left[\frac{\partial u_h^n}{\partial x}\right]-\mathcal{G}\left[\frac{\partial u_h^{n-1}}{\partial x}\right]\right).
\end{aligned}
\tag{3.4.3}
$$

根据参考文献 [77]，可以得到

$$
\left(\sum_{k=0}^{n-1}\widetilde{\kappa_k^n}(u_h^{n-k}-u_h^{n-k-1}),u_h^{n-1+\sigma}\right)\geqslant\frac{1}{2}\sum_{k=0}^{n-1}\widetilde{\kappa_k^n}\left(\|u_h^{n-k}\|^2-\|u_h^{n-k-1}\|^2\right).\tag{3.4.4}
$$

将式（3.4.3）和式（3.4.4）代入式（3.4.2）中，有

$$
\begin{aligned}
&\frac{1}{4\Delta t}(\mathcal{G}[u_h^n]-\mathcal{G}[u_h^{n-1}])+\frac{1}{2}\sum_{k=0}^{n-1}\widetilde{\kappa_k^n}\left(\|u_h^{n-k}\|^2-\|u_h^{n-k-1}\|^2\right)+\left\|\frac{\partial u_h^{n-1+\sigma}}{\partial x}\right\|^2\\
&+\frac{1}{4\Delta t}\left(\mathcal{G}\left[\frac{\partial u_h^n}{\partial x}\right]-\mathcal{G}\left[\frac{\partial u_h^{n-1}}{\partial x}\right]\right)-\left(m[p_h^{n-1+\sigma}],\frac{\partial u_h^{n-1+\sigma}}{\partial x}\right)\\
&\leqslant-\left(f^{n-1+\sigma},\frac{\partial u_h^{n-1+\sigma}}{\partial x}\right).
\end{aligned}
\tag{3.4.5}
$$

在不等式（3.4.5）两端同时乘以 $4\Delta t$ 并且从 2 到 n 求和，$n=2,3,\cdots,Z(Z\leqslant N)$，有

$$
\begin{aligned}
&\mathcal{G}[u_h^Z]+\mathcal{G}\left[\frac{\partial u_h^Z}{\partial x}\right]+2\Delta t\sum_{n=2}^{Z}\sum_{k=0}^{n-1}\widetilde{\kappa_k^n}\left(\|u_h^{n-k}\|^2-\|u_h^{n-k-1}\|^2\right)+4\Delta t\sum_{n=2}^{Z}\left\|\frac{\partial u_h^{n-1+\sigma}}{\partial x}\right\|^2\\
&\leqslant\mathcal{G}[u_h^1]+\mathcal{G}\left[\frac{\partial u_h^1}{\partial x}\right]+4\Delta t\sum_{n=2}^{Z}\left(m[p_h^{n-1+\sigma}],\frac{\partial u_h^{n-1+\sigma}}{\partial x}\right)-4\Delta t\sum_{n=2}^{Z}\left(f^{n-1+\sigma},\frac{\partial u_h^{n-1+\sigma}}{\partial x}\right).
\end{aligned}
\tag{3.4.6}
$$

根据引理 3.2.4，Cauchy-Schwarz 不等式和 Young 不等式，可将式（3.4.6）写为以下形式

$$
\begin{aligned}
&\|u_h^Z\|^2+\left\|\frac{\partial u_h^Z}{\partial x}\right\|^2+2\Delta t\sum_{n=2}^{Z}\sum_{k=0}^{n-1}\widetilde{\kappa_k^n}\left(\|u_h^{n-k}\|^2-\|u_h^{n-k-1}\|^2\right)+4\Delta t\sum_{n=2}^{Z}\left\|\frac{\partial u_h^{n-1+\sigma}}{\partial x}\right\|^2\\
&\leqslant\mathcal{G}[u_h^1]+\mathcal{G}\left[\frac{\partial u_h^1}{\partial x}\right]+C\Delta t\sum_{n=0}^{Z}\|p_h^{n-1+\sigma}\|^2+\varepsilon 4\Delta t\sum_{n=2}^{Z}\left\|\frac{\partial u_h^{n-1+\sigma}}{\partial x}\right\|^2+C\Delta t\sum_{n=1}^{Z}\|f^n\|^2\\
&\leqslant\mathcal{G}[u_h^1]+\mathcal{G}\left[\frac{\partial u_h^1}{\partial x}\right]+C\Delta t\sum_{n=0}^{Z}\|p_h^{n-1+\sigma}\|^2+C\Delta t\sum_{n=1}^{Z}\|f^n\|^2.
\end{aligned}
\tag{3.4.7}
$$

通过简单的推导，不等式（3.4.7）左端第三项可重新写为

$$
\begin{aligned}
&2\Delta t\sum_{n=2}^{Z}\sum_{k=0}^{n-1}\widetilde{\kappa_k^n}\left(\left\|u_h^{n-k}\right\|^2-\left\|u_h^{n-k-1}\right\|^2\right)\\
&=2\Delta t\sum_{n=2}^{Z}\sum_{k=0}^{n-1}\widetilde{\kappa_k^n}\left\|u_h^{n-k}\right\|^2-2\Delta t\sum_{n=2}^{Z}\sum_{k=0}^{n-1}\widetilde{\kappa_k^n}\left\|u_h^{n-k-1}\right\|^2\\
&=2\Delta t\sum_{n=2}^{Z}\sum_{k=0}^{n-1}\widetilde{\kappa_k^n}\left\|u_h^{n-k}\right\|^2-2\Delta t\sum_{n=2}^{Z}\sum_{k=0}^{n-2}\widetilde{\kappa_k^{n-1}}\left\|u_h^{n-k-1}\right\|^2\\
&-2\Delta t\sum_{n=1}^{Z-1}\sum_{i=0}^{2I}\frac{\zeta_i\Delta t^{-\alpha_i}}{\Gamma(2-\alpha_i)}b_n^{(\alpha_i)}\left\|u_h^1\right\|^2.
\end{aligned}
\tag{3.4.8}
$$

将式（3.4.8）代入式（3.4.7）中，可以推出

$$
\begin{aligned}
&\left\|u_h^Z\right\|^2+\left\|\frac{\partial u_h^Z}{\partial x}\right\|^2+2\Delta t\sum_{k=0}^{Z-1}\widetilde{\kappa_k^Z}\left\|u_h^{Z-k}\right\|^2+4\Delta t\sum_{n=2}^{Z}\left\|\frac{\partial u_h^{n-1+\sigma}}{\partial x}\right\|^2\\
&\leqslant \mathcal{G}[u_h^1]+\mathcal{G}\left[\frac{\partial u_h^1}{\partial x}\right]+C\Delta t\sum_{n=0}^{Z}\left\|p_h^{n-1+\sigma}\right\|^2+C\Delta t\sum_{n=1}^{Z}\left\|f^n\right\|^2\\
&+2\Delta t\sum_{n=1}^{Z-1}\sum_{i=0}^{2I}\frac{\zeta_i\Delta t^{-\alpha_i}}{\Gamma(2-\alpha_i)}b_n^{(\alpha_i)}\left\|u_h^1\right\|^2.
\end{aligned}
\tag{3.4.9}
$$

当 $n=1$ 时，令方程（3.3.8）(b) 中 $w_h=u_h^\sigma$，有

$$
\begin{aligned}
&(\partial_t[u_h^1],u_h^\sigma)+\left(\widetilde{\kappa_0^1}(u_h^1-u_h^0),u_h^\sigma\right)+\left(\frac{\partial u_h^\sigma}{\partial x},\frac{\partial u_h^\sigma}{\partial x}\right)\\
&+\left(\partial_t\left[\frac{\partial u_h^1}{\partial x}\right],\frac{\partial u_h^\sigma}{\partial x}\right)-\left(m(p_h^0),\frac{\partial u_h^\sigma}{\partial x}\right)\\
&=-\left(f^\sigma,\frac{\partial u_h^\sigma}{\partial x}\right).
\end{aligned}
\tag{3.4.10}
$$

应注意到

$$
\left(\frac{u_h^1-u_h^0}{\Delta t},u_h^\sigma\right)=\frac{\left\|u_h^1\right\|^2-\left\|u_h^0\right\|^2}{2\Delta t}+\frac{2\sigma-1}{2\Delta t}\left\|u_h^1-u_h^0\right\|^2,
\tag{3.4.11}
$$

则

$$
\begin{aligned}
&\frac{\left\|u_h^1\right\|^2-\left\|u_h^0\right\|^2}{2\Delta t}+\frac{2\sigma-1}{2\Delta t}\left\|u_h^1-u_h^0\right\|^2+\left(\widetilde{\kappa_0^1}(u_h^1-u_h^0),u_h^\sigma\right)+\left\|\frac{\partial u_h^\sigma}{\partial x}\right\|^2\\
&+\frac{\left\|\frac{\partial u_h^1}{\partial x}\right\|^2-\left\|\frac{\partial u_h^0}{\partial x}\right\|^2}{2\Delta t}+\frac{2\sigma-1}{2\Delta t}\left\|\frac{\partial u_h^1}{\partial x}-\frac{\partial u_h^0}{\partial x}\right\|^2-\left(m(p_h^0),\frac{\partial u_h^\sigma}{\partial x}\right)\\
&=-\left(f^\sigma,\frac{\partial u_h^\sigma}{\partial x}\right).
\end{aligned}
\tag{3.4.12}
$$

在（3.4.12）两端同时乘以$2\Delta t$，并运用 Cauchy-Schwarz 不等式和 Young 不等式，可得

$$\begin{aligned}&\left\|u_h^1\right\|^2+\left\|\frac{\partial u_h^1}{\partial x}\right\|^2+(2\sigma-1)\left(\left\|u_h^1-u_h^0\right\|^2+\left\|\frac{\partial u_h^1}{\partial x}-\frac{\partial u_h^0}{\partial x}\right\|^2\right)\\&+2\Delta t\left(\widetilde{\kappa_0^1}(u_h^1-u_h^0),u_h^\sigma\right)+2\Delta t\left\|\frac{\partial u_h^\sigma}{\partial x}\right\|^2\\&\leqslant C\left(\left\|p_h^0\right\|^2+\left\|u_h^0\right\|^2+\left\|\frac{\partial u_h^0}{\partial x}\right\|^2\right)+C\Delta t(\|f^0\|^2+\|f^1\|^2).\end{aligned}\tag{3.4.13}$$

由于

$$2\Delta t\left(\widetilde{\kappa_0^1}(u_h^1-u_h^0),u_h^\sigma\right)\geqslant\frac{2\Delta t}{2}\widetilde{\kappa_0^1}\left(\left\|u_h^1\right\|^2-\left\|u_h^0\right\|^2\right),$$

可以得到

$$\begin{aligned}&\left(1+\Delta t\widetilde{\kappa_0^1}\right)\left\|u_h^1\right\|^2+\left\|\frac{\partial u_h^1}{\partial x}\right\|^2\\&+(2\sigma-1)\left(\left\|u_h^1-u_h^0\right\|^2+\left\|\frac{\partial u_h^1}{\partial x}-\frac{\partial u_h^0}{\partial x}\right\|^2\right)+2\Delta t\left\|\frac{\partial u_h^\sigma}{\partial x}\right\|^2\\&\leqslant C\left\|p_h^0\right\|^2+\left(C+\Delta t\widetilde{\kappa_0^1}\right)\left\|u_h^0\right\|^2\\&+C\left\|\frac{\partial u_h^0}{\partial x}\right\|^2+C\Delta t(\|f^0\|^2+\|f^1\|^2).\end{aligned}\tag{3.4.14}$$

因此，可以推出

$$\begin{aligned}&\left\|u_h^1\right\|^2+\left\|\frac{\partial u_h^1}{\partial x}\right\|^2+\left\|u_h^1-u_h^0\right\|^2+\left\|\frac{\partial u_h^1}{\partial x}-\frac{\partial u_h^0}{\partial x}\right\|^2\\&\leqslant C\left(\left\|u_h^0\right\|^2+\left\|p_h^0\right\|^2+\left\|\frac{\partial u_h^0}{\partial x}\right\|^2\right)+C\Delta t(\|f^0\|^2+\|f^1\|^2).\end{aligned}\tag{3.4.15}$$

由于$2\sigma-1\geqslant0$，可以得到（3.4.9）中右端第一项和第二项近似为

$$\begin{aligned}&\mathcal{G}[u_h^1]+\mathcal{G}\left[\frac{\partial u_h^1}{\partial x}\right]\\&=(2\sigma+1)\left(\left\|u_h^1\right\|^2+\left\|\frac{\partial u_h^1}{\partial x}\right\|^2\right)-(2\sigma-1)\left(\left\|u_h^0\right\|^2+\left\|\frac{\partial u_h^0}{\partial x}\right\|^2\right)\\&\quad+(1+\sigma)(2\sigma-1)\left(\left\|u_h^1-u_h^0\right\|^2+\left\|\frac{\partial u_h^1}{\partial x}-\frac{\partial u_h^0}{\partial x}\right\|^2\right)\\&\leqslant(2\sigma+1)\left(\left\|u_h^1\right\|^2+\left\|\frac{\partial u_h^1}{\partial x}\right\|^2\right)+(1+\sigma)(2\sigma-1)\left(\left\|u_h^1-u_h^0\right\|^2+\left\|\frac{\partial u_h^1}{\partial x}-\frac{\partial u_h^0}{\partial x}\right\|^2\right)\\&\leqslant C\left(\left\|u_h^0\right\|^2+\left\|p_h^0\right\|^2+\left\|\frac{\partial u_h^0}{\partial x}\right\|^2\right)+C\Delta t(\|f^0\|^2+\|f^1\|^2).\end{aligned}\tag{3.4.16}$$

将式（3.4.16）代入式（3.4.9）中，有

$$\begin{aligned}&\left\|u_h^Z\right\|^2+\left\|\frac{\partial u_h^Z}{\partial x}\right\|^2+2\Delta t\sum_{k=0}^{Z-1}\widetilde{\kappa_k^Z}\left\|u_h^{Z-k}\right\|^2+4\Delta t\sum_{n=2}^{Z}\left\|\frac{\partial u_h^{n-1+\sigma}}{\partial x}\right\|^2\\&\leqslant C\left\|p_h^0\right\|^2+C\left\|u_h^0\right\|^2+C\left\|\frac{\partial u_h^0}{\partial x}\right\|^2+C\Delta t\sum_{n=0}^{Z}\|f^n\|^2+C\Delta t\sum_{n=0}^{Z}\left\|p_h^{n-1+\sigma}\right\|^2\\&+2\Delta t\sum_{n=1}^{Z-1}\sum_{i=0}^{2I}\frac{\zeta_i\Delta t^{-\alpha_i}}{\Gamma(2-\alpha_i)}b_n^{(\alpha_i)}\left\|u_h^1\right\|^2.\end{aligned}\tag{3.4.17}$$

由于以下不等式成立

$$\begin{aligned}&2\Delta t\sum_{n=1}^{Z-1}\sum_{i=0}^{2I}\frac{\zeta_i\Delta t^{-\alpha_i}}{\Gamma(2-\alpha_i)}b_n^{(\alpha_i)}\left\|u_h^1\right\|^2\\&\leqslant C\left(\left\|u_h^0\right\|^2+\left\|p_h^0\right\|^2\right)+C\left\|\frac{\partial u_h^0}{\partial x}\right\|^2+C\Delta t(\|f^0\|^2+\|f^1\|^2),\end{aligned}\tag{3.4.18}$$

因此，联立式（3.4.17）和式（3.4.18）可推出

$$\begin{aligned}&\left\|u_h^Z\right\|^2+\left\|\frac{\partial u_h^Z}{\partial x}\right\|^2+2\Delta t\sum_{k=0}^{Z-1}\widetilde{\kappa_k^Z}\left\|u_h^{Z-k}\right\|^2+4\Delta t\sum_{n=2}^{Z}\left\|\frac{\partial u_h^{n-1+\sigma}}{\partial x}\right\|^2\\&\leqslant C\left\|p_h^0\right\|^2+C\left\|u_h^0\right\|^2+C\left\|\frac{\partial u_h^0}{\partial x}\right\|^2+C\Delta t\sum_{n=0}^{Z}\|f^n\|^2+C\Delta t\sum_{n=0}^{Z}\left\|p_h^{n-1+\sigma}\right\|^2.\end{aligned}\tag{3.4.19}$$

令方程（3.4.9）(a) 中 $v_h=p_h^{n-1+\sigma}$，并使用Poincaré不等式，有

$$\left\|p_h^{n-1+\sigma}\right\|^2\leqslant C\left\|\frac{\partial p_h^{n-1+\sigma}}{\partial x}\right\|^2\leqslant C\left\|u_h^{n-1+\sigma}\right\|^2.\tag{3.4.20}$$

将式（3.4.20）代入式（3.4.19）中，得到

$$\begin{aligned}&\left\|u_h^Z\right\|^2+\left\|\frac{\partial u_h^Z}{\partial x}\right\|^2+2\Delta t\sum_{k=0}^{Z-1}\widetilde{\kappa_k^Z}\left\|u_h^{Z-k}\right\|^2+4\Delta t\sum_{n=2}^{Z}\left\|\frac{\partial u_h^{n-1+\sigma}}{\partial x}\right\|^2\\&\leqslant C\left\|p_h^0\right\|^2+C\left\|u_h^0\right\|^2+C\left\|\frac{\partial u_h^0}{\partial x}\right\|^2+C\Delta t\sum_{n=0}^{Z}\|f^n\|^2+C\Delta t\sum_{n=0}^{Z}\left\|u_h^{n-1+\sigma}\right\|^2.\end{aligned}\tag{3.4.21}$$

对式（3.4.21）使用Gronwall引理，可以推出

$$\begin{aligned}&\left\|u_h^Z\right\|^2+\left\|\frac{\partial u_h^Z}{\partial x}\right\|^2+2\Delta t\sum_{k=0}^{Z-1}\widetilde{\kappa_k^Z}\left\|u_h^{Z-k}\right\|^2+4\Delta t\sum_{n=2}^{Z}\left\|\frac{\partial u_h^{n-1+\sigma}}{\partial x}\right\|^2\\&\leqslant C\left(\left\|p_h^0\right\|^2+\left\|u_h^0\right\|^2+\left\|\frac{\partial u_h^0}{\partial x}\right\|^2+\Delta t\sum_{n=0}^{Z}\|f^n\|^2\right).\end{aligned}\tag{3.4.22}$$

联立式（3.4.20）和式（3.4.22），并运用引理2.5.6 ~ 2.5.7，有

$$\left\|p_h^{Z-1+\sigma}\right\|^2 \leqslant C\left(\left\|p_h^0\right\|^2+\left\|u_h^0\right\|^2+\left\|\frac{\partial u_h^0}{\partial x}\right\|^2+\Delta t\sum_{n=0}^{Z}\|f^n\|^2\right). \tag{3.4.23}$$

根据式（3.4.22）和式（3.4.23），我们完成了稳定性结论的推导证明.

下面，我们进行误差估计. 根据参考文献 [99]，引入椭圆投影 $\{\widehat{p_h},\widehat{u_h}\}:[0,T]\to V_h\times W_h$ 有下列性质

$$\begin{aligned}
&(a)\,\Re(\xi,w_h)\triangleq\left(\frac{\partial\xi}{\partial x},\frac{\partial w_h}{\partial x}\right)+\lambda(\xi,w_h)=0,\lambda>0,\forall w_h\in W_h,\\
&(b)\,\|\xi\|_j+\left\|\frac{\partial\xi}{\partial t}\right\|_j\leqslant Ch^{r+1-j}\left(\|u\|_{r+1}+\left\|\frac{\partial u}{\partial t}\right\|_{r+1}\right),j=0,1,\\
&(c)\left(\frac{\partial\phi}{\partial x},\frac{\partial v_h}{\partial x}\right)=0,\forall v_h\in V_h,\\
&(d)\,\|\phi\|_j+\left\|\frac{\partial\phi}{\partial t}\right\|_j\leqslant Ch^{k+1-j}\left(\|p\|_{k+1}+\left\|\frac{\partial p}{\partial t}\right\|_{k+1}\right),j=0,1.
\end{aligned} \tag{3.4.24}$$

为了简化记号，我们引入如下记号

$$\begin{aligned}
u-u_h&=(u-\widehat{u_h})+(\widehat{u_h}-u_h)=\xi+\eta,\\
p-p_h&=(p-\widehat{p_h})+(\widehat{p_h}-p_h)=\phi+\varphi.
\end{aligned}$$

定理3.4.2 设$\{p(t_n),u(t_n)\}$是模型（3.3.4）和（3.3.5）的解，$\{p_h^n,u_h^n\}$是模型（3.3.8）和（3.3.9）的解，则有

$$\begin{aligned}
&(a)\,\|u^n-u_h^n\|_j\leqslant C\left(\Delta\alpha^2+\Delta t^2+h^{\min(k+1,r+1-j)}\right),j=0,1,\\
&(b)\left\|p^{n-1+\sigma}-p_h^{n-1+\sigma}\right\|\leqslant C\left(\Delta\alpha^2+\Delta t^2+h^{\min(k+1,r+1)}\right),
\end{aligned} \tag{3.4.25}$$

其中，常数C与h，Δt和α无关.

证明：当$n\geqslant 2$时，误差方程为

$$\begin{aligned}
&(a)\left(\frac{\partial p^{n-1+\sigma}}{\partial x}-\frac{\partial p_h^{n-1+\sigma}}{\partial x},\frac{\partial v_h}{\partial x}\right)\\
&=\left(u^{n-1+\sigma}-u_h^{n-1+\sigma},\frac{\partial v_h}{\partial x}\right)+\left(R_8^{n-1+\sigma}+R_9^{n-1+\sigma},\frac{\partial v_h}{\partial x}\right),\ \forall v_h\in V_h,\\
&(b)\,(\partial_t[u^{n-1+\sigma}]-\partial_t[u_h^{n-1+\sigma}],w_h)\\
&\quad+\left(\sum_{k=0}^{n-1}\widetilde{\kappa_k^n}\left(\left(u^{n-k}-u_h^{n-k}\right)-\left(u^{n-k-1}-u_h^{n-k-1}\right)\right),w_h\right)\\
&\quad+\left(\frac{\partial u^{n-1+\sigma}}{\partial x}-\frac{\partial u_h^{n-1+\sigma}}{\partial x},\frac{\partial w_h}{\partial x}\right)+\left(\partial_t\left[\frac{\partial u^{n-1+\sigma}}{\partial x}\right]-\partial_t\left[\frac{\partial u_h^{n-1+\sigma}}{\partial x}\right],\frac{\partial w_h}{\partial x}\right)
\end{aligned} \tag{3.4.26}$$

$$
\begin{aligned}
&-\left(m[p^{n-1+\sigma}]-m[p_h^{n-1+\sigma}],\frac{\partial w_h}{\partial x}\right)\\
&=\left(\sum_{l=1}^{7}R_l^{n-1+\sigma},\frac{\partial w_h}{\partial x}\right),\forall w_h\in W_h.
\end{aligned}
$$

当 $n=1$ 时，可得以下误差方程

$$
\begin{aligned}
&(a)\left(\frac{\partial p^{\sigma}}{\partial x}-\frac{\partial p_h^{\sigma}}{\partial x},\frac{\partial v_h}{\partial x}\right)=\left(u^{\sigma}-u_h^{\sigma},\frac{\partial v_h}{\partial x}\right)+\left(R_8^{\sigma}+R_9^{\sigma},\frac{\partial v_h}{\partial x}\right),\forall v_h\in V_h,\\
&(b)\,(\partial_t[u^1]-\partial_t[u_h^1],w_h)+\left(\widetilde{\kappa_0^1}\left((u^1-u_h^1)-(u^0-u_h^0)\right),w_h\right)\\
&\quad+\left(\frac{\partial u^{\sigma}}{\partial x}-\frac{\partial u_h^{\sigma}}{\partial x},\frac{\partial w_h}{\partial x}\right)+\left(\partial_t\left[\frac{\partial u^1}{\partial x}\right]-\partial_t\left[\frac{\partial u_h^1}{\partial x}\right],\frac{\partial w_h}{\partial x}\right)\\
&\quad-\left(m(p^0)-m(p_h^0),\frac{\partial w_h}{\partial x}\right)\\
&\quad=\left(\sum_{l=1}^{7}R_l^{\sigma},\frac{\partial w_h}{\partial x}\right),\forall w_h\in W_h.
\end{aligned}
\tag{3.4.27}
$$

令方程(3.4.26)中 $v_h=\varphi^{n-1+\sigma}$，$w_h=\eta^{n-1+\sigma}$并运用式(3.4.24)，有

$$
\begin{aligned}
&(a)\left\|\frac{\partial\varphi^{n-1+\sigma}}{\partial x}\right\|^2=\left(\xi^{n-1+\sigma}+\eta^{n-1+\sigma},\frac{\partial\varphi^{n-1+\sigma}}{\partial x}\right)+\left(R_8^{n-1+\sigma}+R_9^{n-1+\sigma},\frac{\partial\varphi^{n-1+\sigma}}{\partial x}\right),\\
&(b)(\partial_t[\eta^{n-1+\sigma}],\eta^{n-1+\sigma})+\left(\sum_{k=0}^{n-1}\widetilde{\kappa_k^n}(\eta^{n-k}-\eta^{n-k-1}),\eta^{n-1+\sigma}\right)+\left\|\frac{\partial\eta^{n-1+\sigma}}{\partial x}\right\|^2\\
&\quad+\left(\partial_t\left[\frac{\partial\eta^{n-1+\sigma}}{\partial x}\right],\frac{\partial\eta^{n-1+\sigma}}{\partial x}\right)-\left(m[p^{n-1+\sigma}]-m[p_h^{n-1+\sigma}],\frac{\partial\eta^{n-1+\sigma}}{\partial x}\right)\\
&\quad+\lambda(\eta^{n-1+\sigma},\eta^{n-1+\sigma})+\lambda(\partial_t[\eta^{n-1+\sigma}],\eta^{n-1+\sigma})\\
&=-(\partial_t[\xi^{n-1+\sigma}],\eta^{n-1+\sigma})-\left(\sum_{k=0}^{n-1}\widetilde{\kappa_k^n}(\xi^{n-k}-\xi^{n-k-1}),\eta^{n-1+\sigma}\right)\\
&\quad+\left(\sum_{l=1}^{7}R_l^{n-1+\sigma},\frac{\partial\eta^{n-1+\sigma}}{\partial x}\right)+\lambda(\xi^{n-1+\sigma}+\eta^{n-1+\sigma},\eta^{n-1+\sigma})\\
&\quad+\lambda(\partial_t[\xi^{n-1+\sigma}]+\partial_t[\eta^{n-1+\sigma}],\eta^{n-1+\sigma}).
\end{aligned}
\tag{3.4.28}
$$

使用与参考文献 [77] 相似的方法和引理3.2.4，可以推出

$$
\begin{aligned}
&(a)(\partial_t[\eta^{n-1+\sigma}],\eta^{n-1+\sigma})\geqslant\frac{1}{4\Delta t}(\mathcal{G}[\eta^n]-\mathcal{G}[\eta^{n-1}]),\\
&(b)\left(\partial_t\left[\frac{\partial\eta^{n-1+\sigma}}{\partial x}\right],\frac{\partial\eta^{n-1+\sigma}}{\partial x}\right)\geqslant\frac{1}{4\Delta t}\left(\mathcal{G}\left[\frac{\partial\eta^n}{\partial x}\right]-\mathcal{G}\left[\frac{\partial\eta^{n-1}}{\partial x}\right]\right),\\
&(c)\left(\sum_{k=0}^{n-1}\widetilde{\kappa_k^n}(\eta^{n-k}-\eta^{n-k-1}),\eta^{n-1+\sigma}\right)\quad\frac{1}{2}\sum_{k=0}^{n-1}\widetilde{\kappa_k^n}\left(\left\|\eta^{n-k}\right\|^2-\left\|\eta^{n-k-1}\right\|^2\right).
\end{aligned}
\tag{3.4.29}
$$

将式（3.4.29）代入式（3.4.28）(b) 中，有

$$\begin{aligned}
&\frac{1}{4\Delta t}(\mathcal{G}[\eta^n]-\mathcal{G}[\eta^{n-1}])+\frac{1}{2}\sum_{k=0}^{n-1}\widetilde{\kappa_k^n}\left(\left\|\eta^{n-k}\right\|^2-\left\|\eta^{n-k-1}\right\|^2\right)+\left\|\frac{\partial\eta^{n-1+\sigma}}{\partial x}\right\|^2\\
&+\frac{1}{4\Delta t}\left(\mathcal{G}\left[\frac{\partial\eta^n}{\partial x}\right]-\mathcal{G}\left[\frac{\partial\eta^{n-1}}{\partial x}\right]\right)-\left(m[p^{n-1+\sigma}]-m[p_h^{n-1+\sigma}],\frac{\partial\eta^{n-1+\sigma}}{\partial x}\right)\\
\leqslant&-(\partial_t[\xi^{n-1+\sigma}],\eta^{n-1+\sigma})-\left(\sum_{k=0}^{n-1}\widetilde{\kappa_k^n}(\xi^{n-k}-\xi^{n-k-1}),\eta^{n-1+\sigma}\right)\\
&+\left(\sum_{l=1}^{7}R_l^{n-1+\sigma},\frac{\partial\eta^{n-1+\sigma}}{\partial x}\right)+\lambda(\xi^{n-1+\sigma},\eta^{n-1+\sigma})+\lambda(\partial_t[\xi^{n-1+\sigma}],\eta^{n-1+\sigma}).
\end{aligned}\tag{3.4.30}$$

使用与参考文献 [77] 相似的推导过程，可以得到

$$\begin{aligned}
&\left|\sum_{i=0}^{2I}\frac{\zeta_i\Delta t^{1-\alpha_i}}{\Gamma(2-\alpha_i)}\sum_{k=0}^{n-1}\kappa_k^{(n,\alpha_i)}\left(\frac{u^{n-k}-u^{n-k-1}}{\Delta t}-\frac{\widehat{u^{n-k}}-\widehat{u^{n-k-1}}}{\Delta t}\right)\right|\\
&\leqslant C(\Delta t^2+h^{r+1}),
\end{aligned}\tag{3.4.31}$$

因此有

$$\begin{aligned}
&-\left(\sum_{k=0}^{n-1}\widetilde{\kappa_k^n}(\xi^{n-k}-\xi^{n-k-1}),\eta^{n-1+\sigma}\right)+\left(\sum_{l=1}^{7}R_l^{n-1+\sigma},\frac{\partial\eta^{n-1+\sigma}}{\partial x}\right)\\
\leqslant&\frac{1}{16}\sum_{i=0}^{2I}\frac{\zeta_i}{\mathrm{T}^{\alpha_i}\Gamma(1-\alpha_i)}(\|\eta^n\|^2+\|\eta^{n-1}\|^2)+C(\Delta\alpha^4+\Delta t^4+h^{2r+2}).
\end{aligned}\tag{3.4.32}$$

将式（3.4.32）代入式（3.4.30）中，有

$$\begin{aligned}
&\frac{1}{4\Delta t}(\mathcal{G}[\eta^n]-\mathcal{G}[\eta^{n-1}])+\frac{1}{4\Delta t}\left(\mathcal{G}\left[\frac{\partial\eta^n}{\partial x}\right]-\mathcal{G}\left[\frac{\partial\eta^{n-1}}{\partial x}\right]\right)\\
&+\frac{1}{2}\sum_{k=0}^{n-1}\widetilde{\kappa_k^n}\left\|\eta^{n-k}\right\|^2+\left\|\frac{\partial\eta^{n-1+\sigma}}{\partial x}\right\|^2\\
\leqslant&-(\partial_t[\xi^{n-1+\sigma}],\eta^{n-1+\sigma})+\frac{1}{2}\sum_{k=0}^{n-1}\widetilde{\kappa_k^n}\left\|\eta^{n-k-1}\right\|^2\\
&+\left(m[p^{n-1+\sigma}]-m[p_h^{n-1+\sigma}],\frac{\partial\eta^{n-1+\sigma}}{\partial x}\right)\\
&+\lambda(\xi^{n-1+\sigma},\eta^{n-1+\sigma})+\lambda(\partial_t[\xi^{n-1+\sigma}],\eta^{n-1+\sigma})\\
&+\frac{1}{16}\sum_{i=0}^{2I}\frac{\zeta_i}{\mathrm{T}^{\alpha_i}\Gamma(1-\alpha_i)}(\|\eta^n\|^2+\|\eta^{n-1}\|^2)\\
&+C(\Delta\alpha^4+\Delta t^4+h^{2r+2}).
\end{aligned}\tag{3.4.33}$$

类似地，方程（3.4.33）的右端第二项可写为

$$
\begin{aligned}
&\frac{1}{2}\sum_{k=0}^{n-1}\widetilde{\kappa_k^n}\|\eta^{n-k-1}\|^2 \\
&=\frac{1}{2}\sum_{k=0}^{n-2}\widetilde{\kappa_k^{n-1}}\|\eta^{n-k-1}\|^2+\frac{1}{2}\sum_{i=0}^{2I}\frac{\zeta_i\Delta t^{-\alpha_i}}{\Gamma(2-\alpha_i)}b_{n-1}^{(\alpha_i)}\|\eta^1\|^2.
\end{aligned}
\tag{3.4.34}
$$

将式（3.4.34）代入式（3.4.33）中，得

$$
\begin{aligned}
&\frac{1}{4\Delta t}(\mathcal{G}[\eta^n]-\mathcal{G}[\eta^{n-1}])+\frac{1}{4\Delta t}\left(\mathcal{G}\left[\frac{\partial\eta^n}{\partial x}\right]-\mathcal{G}\left[\frac{\partial\eta^{n-1}}{\partial x}\right]\right) \\
&+\frac{1}{2}\sum_{k=0}^{n-1}\widetilde{\kappa_k^n}\|\eta^{n-k}\|^2+\left\|\frac{\partial\eta^{n-1+\sigma}}{\partial x}\right\|^2 \\
\leqslant&-(\partial_t[\xi^{n-1+\sigma}],\eta^{n-1+\sigma})+\left(m[p^{n-1+\sigma}]-m[p_h^{n-1+\sigma}],\frac{\partial\eta^{n-1+\sigma}}{\partial x}\right) \\
&+\lambda(\xi^{n-1+\sigma},\eta^{n-1+\sigma})+\lambda(\partial_t[\xi^{n-1+\sigma}],\eta^{n-1+\sigma}) \\
&+\frac{1}{2}\sum_{k=0}^{n-2}\widetilde{\kappa_k^{n-1}}\|\eta^{n-k-1}\|^2+\frac{1}{2}\sum_{i=0}^{2I}\frac{\zeta_i\Delta t^{-\alpha_i}}{\Gamma(2-\alpha_i)}b_{n-1}^{(\alpha_i)}\|\eta^1\|^2 \\
&+\frac{1}{16}\sum_{i=0}^{2I}\frac{\zeta_i}{\mathrm{T}^{\alpha_i}\Gamma(1-\alpha_i)}(\|\eta^n\|^2+\|\eta^{n-1}\|^2)+C(\Delta\alpha^4+\Delta t^4+h^{2r+2}).
\end{aligned}
\tag{3.4.35}
$$

在方程（3.4.35）左右两端同时乘以$4\Delta t$并且从2到n求和，$n=2, 3, 4, \cdots, Z(Z\leqslant N)$，可得

$$
\begin{aligned}
&\sum_{n=2}^{Z}(\mathcal{G}[\eta^n]-\mathcal{G}[\eta^{n-1}])+\sum_{n=2}^{Z}\left(\mathcal{G}\left[\frac{\partial\eta^n}{\partial x}\right]-\mathcal{G}\left[\frac{\partial\eta^{n-1}}{\partial x}\right]\right) \\
&+2\Delta t\sum_{n=2}^{Z}\sum_{k=0}^{n-1}\widetilde{\kappa_k^n}\|\eta^{n-k}\|^2+4\Delta t\sum_{n=2}^{Z}\left\|\frac{\partial\eta^{n-1+\sigma}}{\partial x}\right\|^2 \\
\leqslant&-4\Delta t\sum_{n=2}^{Z}(\partial_t[\xi^{n-1+\sigma}],\eta^{n-1+\sigma}) \\
&+4\Delta t\sum_{n=2}^{Z}\left(m[p^{n-1+\sigma}]-m[p_h^{n-1+\sigma}],\frac{\partial\eta^{n-1+\sigma}}{\partial x}\right) \\
&+4\lambda\Delta t\sum_{n=2}^{Z}(\xi^{n-1+\sigma},\eta^{n-1+\sigma})+4\lambda\Delta t\sum_{n=2}^{Z}(\partial_t[\xi^{n-1+\sigma}],\eta^{n-1+\sigma}) \\
&+2\Delta t\sum_{n=2}^{Z}\sum_{k=0}^{n-2}\widetilde{\kappa_k^{n-1}}\|\eta^{n-k-1}\|^2+2\Delta t\sum_{n=1}^{Z-1}\sum_{i=0}^{2I}\frac{\zeta_i\Delta t^{-\alpha_i}}{\Gamma(2-\alpha_i)}b_n^{(\alpha_i)}\|\eta^1\|^2
\end{aligned}
\tag{3.4.36}
$$

$$+\frac{\Delta t}{4}\sum_{n=2}^{Z}\sum_{i=0}^{2I}\frac{\zeta_i}{\mathrm{T}^{\alpha_i}\Gamma(1-\alpha_i)}(\|\eta^n\|^2+\|\eta^{n-1}\|^2)$$
$$+C(\Delta\alpha^4+\Delta t^4+h^{2r+2}).$$

由式（3.4.36），可以推出

$$\begin{aligned}
&\mathcal{G}[\eta^Z]+\mathcal{G}\left[\frac{\partial\eta^Z}{\partial x}\right]+2\Delta t\sum_{k=0}^{Z-1}\widetilde{\kappa_k^Z}\left\|\eta^{Z-k}\right\|^2+4\Delta t\sum_{n=2}^{Z}\left\|\frac{\partial\eta^{n-1+\sigma}}{\partial x}\right\|^2\\
&\leqslant 4(\lambda-1)\Delta t\sum_{n=2}^{Z}(\partial_t[\xi^{n-1+\sigma}],\eta^{n-1+\sigma})\\
&+4\Delta t\sum_{n=2}^{Z}\left(m[p^{n-1+\sigma}]-m[p_h^{n-1+\sigma}],\frac{\partial\eta^{n-1+\sigma}}{\partial x}\right)\\
&+4\lambda\Delta t\sum_{n=2}^{Z}(\xi^{n-1+\sigma},\eta^{n-1+\sigma})+\mathcal{G}[\eta^1]+\mathcal{G}\left[\frac{\partial\eta^1}{\partial x}\right]\\
&+2\Delta t\sum_{n=1}^{Z-1}\sum_{i=0}^{2I}\frac{\zeta_i\Delta t^{-\alpha_i}}{\Gamma(2-\alpha_i)}b_n^{(\alpha_i)}\|\eta^1\|^2\\
&+\frac{\Delta t}{4}\sum_{n=2}^{Z}\sum_{i=0}^{2I}\frac{\zeta_i}{\mathrm{T}^{\alpha_i}\Gamma(1-\alpha_i)}(\|\eta^n\|^2+\|\eta^{n-1}\|^2)\\
&+C(\Delta\alpha^4+\Delta t^4+h^{2r+2}).
\end{aligned}\tag{3.4.37}$$

根据参考文献 [89]，有

$$\begin{aligned}
&(a)4(\lambda-1)\Delta t\sum_{n=2}^{Z}(\partial_t[\xi^{n-1+\sigma}],\eta^{n-1+\sigma})\leqslant C\int_{t_0}^{t_Z}\|\xi_t\|^2\,ds+C\Delta t\sum_{n=1}^{Z}\|\eta^n\|^2,\\
&(b)4\lambda\Delta t\sum_{n=2}^{Z}(\xi^{n-1+\sigma},\eta^{n-1+\sigma})\leqslant C\int_{t_0}^{t_Z}\|\xi\|^2\,ds+C\Delta t\sum_{n=1}^{Z}\|\eta^n\|^2,\\
&(c)4\Delta t\sum_{n=2}^{Z}\left(m[p^{n-1+\sigma}]-m[p_h^{n-1+\sigma}],\frac{\partial\eta^{n-1+\sigma}}{\partial x}\right)\\
&\leqslant C\Delta t\sum_{n=0}^{Z}(\|\phi^{n-1+\sigma}\|^2+\|\varphi^{n-1+\sigma}\|^2)+\varepsilon 4\Delta t\sum_{n=2}^{Z}\left\|\frac{\partial\eta^{n-1+\sigma}}{\partial x}\right\|^2.
\end{aligned}\tag{3.4.38}$$

将式（3.4.38）代入式（3.4.37）中，并运用 Cauchy-Schwarz 不等式和 Young 不等式，得

$$\mathcal{G}[\eta^Z]+\mathcal{G}\left[\frac{\partial\eta^Z}{\partial x}\right]+2\Delta t\sum_{k=0}^{Z-1}\widetilde{\kappa_k^Z}\left\|\eta^{Z-k}\right\|^2+4\Delta t\sum_{n=2}^{Z}\left\|\frac{\partial\eta^{n-1+\sigma}}{\partial x}\right\|^2$$

$$
\begin{aligned}
&\leqslant C\int_{t_0}^{t_Z}(\|\xi_t\|^2+\|\xi\|^2)ds+C\Delta t\sum_{n=0}^{Z}\|\eta^n\|^2\\
&+C\Delta t\sum_{n=0}^{Z}(\|\phi^{n-1+\sigma}\|^2+\|\varphi^{n-1+\sigma}\|^2)\\
&+\mathcal{G}[\eta^1]+\mathcal{G}\left[\frac{\partial\eta^1}{\partial x}\right]+2\Delta t\sum_{n=1}^{Z-1}\sum_{i=0}^{2I}\frac{\zeta_i\Delta t^{-\alpha_i}}{\Gamma(2-\alpha_i)}b_n^{(\alpha_i)}\|\eta^1\|^2\\
&+\frac{\Delta t}{4}\sum_{n=2}^{Z}\sum_{i=0}^{2I}\frac{\zeta_i}{\mathrm{T}^{\alpha_i}\Gamma(1-\alpha_i)}(\|\eta^n\|^2+\|\eta^{n-1}\|^2)+C(\Delta\alpha^4+\Delta t^4+h^{2r+2}).
\end{aligned}
\tag{3.4.39}
$$

当$n=1$时，令方程（3.4.27）(b) 中 $w_h=\eta^\sigma$，可推出

$$
\begin{aligned}
&\frac{\|\eta^1\|^2-\|\eta^0\|^2}{2\Delta t}+\frac{1}{2}\widetilde{\kappa_0^1}\|\eta^1\|^2+\left\|\frac{\partial\eta^\sigma}{\partial x}\right\|^2+\frac{\left\|\frac{\partial\eta^1}{\partial x}\right\|^2-\left\|\frac{\partial\eta^0}{\partial x}\right\|^2}{2\Delta t}\\
&+\frac{2\sigma-1}{2\Delta t}\|\eta^1-\eta^0\|^2+\frac{2\sigma-1}{2\Delta t}\left\|\frac{\partial\eta^1}{\partial x}-\frac{\partial\eta^0}{\partial x}\right\|^2+\lambda\left(\frac{\eta^1-\eta^0}{\Delta t},\eta^\sigma\right)+\lambda(\eta^\sigma,\eta^\sigma)\\
\leqslant&\left(m(p^0)-m(p_h^0),\frac{\partial\eta^\sigma}{\partial x}\right)-\left(\frac{\xi^1-\xi^0}{\Delta t},\eta^\sigma\right)+\lambda\left(\frac{\xi^1-\xi^0}{\Delta t}+\frac{\eta^1-\eta^0}{\Delta t},\eta^\sigma\right)\\
&+\lambda(\xi^\sigma+\eta^\sigma,\eta^\sigma)+\frac{1}{2}\widetilde{\kappa_0^1}\|\eta^0\|^2+\frac{1}{16}\sum_{i=0}^{2I}\frac{\zeta_i}{\mathrm{T}^{\alpha_i}\Gamma(1-\alpha_i)}(\|\eta^1\|^2+\|\eta^0\|^2)\\
&+C(\Delta\alpha^4+\Delta t^4+h^{2r+2}).
\end{aligned}
\tag{3.4.40}
$$

在式（3.4.40) 两端同时乘以 $2\Delta t$，并且应用 Cauchy-Schwarz 不等式和 Young 不等式，得

$$
\begin{aligned}
&\|\eta^1\|^2+\Delta t\widetilde{\kappa_0^1}\|\eta^1\|^2+2\Delta t\left\|\frac{\partial\eta^\sigma}{\partial x}\right\|^2+\left\|\frac{\partial\eta^1}{\partial x}\right\|^2\\
&+(2\sigma-1)\|\eta^1-\eta^0\|^2+(2\sigma-1)\left\|\frac{\partial\eta^1}{\partial x}-\frac{\partial\eta^0}{\partial x}\right\|^2\\
\leqslant&C\left(\|\varphi^0\|^2+\|\eta^0\|^2+\left\|\frac{\partial\eta^0}{\partial x}\right\|^2\right)+C\Delta t\|\eta^1\|^2+C(\Delta\alpha^4+\Delta t^4+h^{2k+2}+h^{2r+2}),
\end{aligned}
\tag{3.4.41}
$$

因此，可以推出

$$
\begin{aligned}
&\mathcal{G}[\eta^1]+\mathcal{G}\left[\frac{\partial\eta^1}{\partial x}\right]\\
&\leqslant C\left(\|\varphi^0\|^2+\|\eta^0\|^2+\left\|\frac{\partial\eta^0}{\partial x}\right\|^2\right)+C\Delta t\|\eta^1\|^2\\
&+C(\Delta\alpha^4+\Delta t^4+h^{2k+2}+h^{2r+2}).
\end{aligned}
\tag{3.4.42}
$$

将式（3.4.42）代入式（3.4.39）中，并应用引理 3.2.4，有

$$
\begin{aligned}
&\|\eta^Z\|^2+\left\|\frac{\partial\eta^Z}{\partial x}\right\|^2+2\Delta t\sum_{k=0}^{Z-1}\widetilde{\kappa_k^Z}\|\eta^{Z-k}\|^2+4\Delta t\sum_{n=2}^{Z}\left\|\frac{\partial\eta^{n-1+\sigma}}{\partial x}\right\|^2\\
\leqslant\ & C\int_{t_0}^{t_Z}(\|\xi_t\|^2+\|\xi\|^2)ds+C\Delta t\sum_{n=0}^{Z}\|\eta^n\|^2\\
&+C\Delta t\sum_{n=0}^{Z}(\|\phi^{n-1+\sigma}\|^2+\|\varphi^{n-1+\sigma}\|^2)\\
&+C\left(\|\varphi^0\|^2+\|\eta^0\|^2+\left\|\frac{\partial\eta^0}{\partial x}\right\|^2\right)+2\Delta t\sum_{n=1}^{Z-1}\sum_{i=0}^{2I}\frac{\zeta_i\Delta t^{-\alpha_i}}{\Gamma(2-\alpha_i)}b_n^{(\alpha_i)}\|\eta^1\|^2\\
&+\frac{\Delta t}{4}\sum_{n=2}^{Z}\sum_{i=0}^{2I}\frac{\zeta_i}{\mathrm{T}^{\alpha_i}\Gamma(1-\alpha_i)}(\|\eta^n\|^2+\|\eta^{n-1}\|^2)+C(\Delta\alpha^4+\Delta t^4+h^{2r+2}).
\end{aligned}
\tag{3.4.43}
$$

采取与参考文献 [77] 和 [89] 相似的计算过程，可得

$$
\begin{aligned}
&\|\eta^Z\|^2+\left\|\frac{\partial\eta^Z}{\partial x}\right\|^2+2\Delta t\sum_{k=0}^{Z-1}\widetilde{\kappa_k^Z}\|\eta^{Z-k}\|^2+4\Delta t\sum_{n=2}^{Z}\left\|\frac{\partial\eta^{n-1+\sigma}}{\partial x}\right\|^2\\
\leqslant\ & C\left(\|\varphi^0\|^2+\|\eta^0\|^2+\left\|\frac{\partial\eta^0}{\partial x}\right\|^2\right)+\Delta t\sum_{n=1}^{Z}\sum_{i=0}^{2I}\frac{\zeta_i}{\mathrm{T}^{\alpha_i}\Gamma(1-\alpha_i)}\|\eta^n\|^2\\
&+C\Delta t\sum_{n=0}^{Z}\|\varphi^{n-1+\sigma}\|^2+C(\Delta\alpha^4+\Delta t^4+h^{2r+2}+h^{2k+2}).
\end{aligned}
\tag{3.4.44}
$$

由引理 2.5.6 ~ 2.5.7 易知

$$
\begin{aligned}
\widetilde{\kappa_0^n}>\widetilde{\kappa_1^n}>\widetilde{\kappa_2^n}>\cdots>\widetilde{\kappa_{n-1}^n}&>\sum_{i=0}^{2I}\frac{\zeta_i\Delta t^{-\alpha_i}}{\Gamma(2-\alpha_i)}\cdot\frac{1-\alpha_i}{2}(n-1+\sigma)^{-\alpha_i}\\
&\geqslant\frac{1}{2}\sum_{i=0}^{2I}\frac{\zeta_i}{\mathrm{T}^{\alpha_i}\Gamma(1-\alpha_i)},
\end{aligned}
\tag{3.4.45}
$$

因此

$$
\begin{aligned}
&\|\eta^Z\|^2+\left\|\frac{\partial\eta^Z}{\partial x}\right\|^2+4\Delta t\sum_{n=2}^{Z}\left\|\frac{\partial\eta^{n-1+\sigma}}{\partial x}\right\|^2\\
\leqslant\ & C\left(\|\varphi^0\|^2+\|\eta^0\|^2+\left\|\frac{\partial\eta^0}{\partial x}\right\|^2\right)\\
&+C\Delta t\sum_{n=0}^{Z}\|\varphi^{n-1+\sigma}\|^2+C(\Delta\alpha^4+\Delta t^4+h^{2r+2}+h^{2k+2}).
\end{aligned}
\tag{3.4.46}
$$

令方程（3.4.26）(a) 中$v_h=\varphi^n$并应用 Poincaré 不等式，可以推出

$$\|\varphi^{n-1+\sigma}\|^2 \leqslant C\left\|\frac{\partial\varphi^{n-1+\sigma}}{\partial x}\right\|^2 \leqslant C(\|\xi^{n-1+\sigma}\|^2+\|\eta^{n-1+\sigma}\|^2). \tag{3.4.47}$$

将方程（3.4.47）代入方程（3.4.46）中，得到

$$\begin{aligned}&\|\eta^Z\|^2+\left\|\frac{\partial\eta^Z}{\partial x}\right\|^2+4\Delta t\sum_{n=2}^{Z}\left\|\frac{\partial\eta^{n-1+\sigma}}{\partial x}\right\|^2\\ \leqslant\ & C\left(\|\varphi^0\|^2+\|\eta^0\|^2+\left\|\frac{\partial\eta^0}{\partial x}\right\|^2\right)\\ &+C\Delta t\sum_{n=0}^{Z}\|\eta^{n-1+\sigma}\|^2+C(\Delta\alpha^4+\Delta t^4+h^{2r+2}+h^{2k+2}).\end{aligned} \tag{3.4.48}$$

应用式（3.4.47）以及 Gronwall 引理，有

$$\begin{aligned}&\|\eta^Z\|^2+\|\varphi^{Z-1+\sigma}\|^2+\left\|\frac{\partial\eta^Z}{\partial x}\right\|^2+4\Delta t\sum_{n=2}^{Z}\left\|\frac{\partial\eta^{n-1+\sigma}}{\partial x}\right\|^2\\ \leqslant\ & C\left(\|\varphi^0\|^2+\|\eta^0\|^2+\left\|\frac{\partial\eta^0}{\partial x}\right\|^2\right)+C(\Delta\alpha^4+\Delta t^4+h^{2r+2}+h^{2k+2}).\end{aligned} \tag{3.4.49}$$

根据三角不等式，我们完成了定理的证明.

3.5　数值算例

本节我们通过一个数值例子来验证格式的有效性和理论结果的正确性.

例 3.5.1　在区间 $[0,1]\times\left[0,\frac{1}{2}\right]$ 上分别取 $\omega(\alpha)=\Gamma(5-\alpha)$ 非线性项 $m(p)=\sin(p)$，源项

$$\begin{aligned}f(x,t)=\ &4t^3x^2(x-1)+\frac{24t^3(t-1)}{\ln(t)}x^2(x-1)-t^4(6x-2)\\ &-4t^3(6x-2)+\sin\big(t^4x^2(x-1)\big),\end{aligned} \tag{3.5.1}$$

则相应的精确解为

$$p=t^4x^2(x-1),\ u=t^4(3x^2-2x). \tag{3.5.2}$$

表3.1给出了当 $\Delta\alpha=\frac{1}{500}$，$h=\frac{1}{500}$以及 $\Delta t=\frac{1}{10}$，$\frac{1}{20}$，$\frac{1}{40}$时，时间二阶收敛

和误差估计结果. 表3.2给出在 $\Delta t^2 \approx h^2 \approx \Delta\alpha^4$ 时的分布阶收敛结果. 表3.3给出当 $\Delta\alpha=\frac{1}{500}$，$\Delta t=\frac{1}{500}$ 且 $h=\frac{1}{10}$，$\frac{1}{20}$，$\frac{1}{40}$ 时，空间二阶收敛和误差估计结果. 数据结果表明，数值计算结果与理论分析结论是一致的.

表3.1　当 $\Delta\alpha=\frac{1}{500}, h=\frac{1}{500}$ 时，时间误差和收敛阶

Δt	σ	$\|p-p_h\|$	收敛阶	$\|u-u_h\|$	收敛阶	CPU −时间（秒）
$\frac{1}{10}$	0.6720	1.59E − 05	−	1.35E − 03	−	146.4
$\frac{1}{20}$	0.6487	4.04E − 06	1.9491	3.41E − 04	1.9848	325.5
$\frac{1}{40}$	0.6290	1.03E − 06	1.9717	8.39E − 05	2.0230	685.9

表3.2　当 $\Delta t^2 \approx h^2 \approx \Delta\alpha^4$ 时，分布阶误差和收敛阶

$\Delta\alpha$	σ	$\|p-p_h\|$	收敛阶	$\|u-u_h\|$	收敛阶	CPU −时间（秒）
$\frac{1}{2}$	0.6856	3.21E − 03	−	1.08E − 02	−	0.4
$\frac{1}{4}$	0.6431	2.22E − 04	3.8494	5.67E − 04	4.2515	7.5
$\frac{1}{8}$	0.6125	1.48E − 05	3.9069	2.90E − 05	4.2892	132.0

表3.3　当 $\Delta\alpha=\frac{1}{500}, \Delta t=\frac{1}{500}$ 时，空间误差和收敛阶

h	σ	$\|p-p_h\|$	收敛阶	$\|u-u_h\|$	收敛阶	CPU −时间（秒）
$\frac{1}{10}$	0.5820	5.06E − 04	−	3.11E − 04	−	171.2
$\frac{1}{20}$	0.5820	1.41E − 04	1.8435	7.79E − 05	1.9972	337.0
$\frac{1}{40}$	0.5820	3.71E − 05	1.9249	1.95E − 05	1.9982	673.7

在图3.1中，给出了当 $\Delta t=\frac{1}{100}$，$\Delta\alpha=\frac{1}{8}$，$h=\frac{1}{15}$ 且 t=0.2, 0.3, 0.4, 0.5 时，数值解 p_h 和精确解 p 的图像，可以看到数值解 p_h 和精确解 p 的图像是相符的. 类似地，在图 3.2 中，取固定的 $\Delta t=\frac{1}{100}$，$\Delta\alpha=\frac{1}{8}$，$h=\frac{1}{15}$ 和变化的 t=0.2, 0.3, 0.4, 0.5 时，数值解 u_h 和精确解 u 的对比图，可以看到图像非常接近，因此通过本例可以证明，

本章所提出的数值方法是行之有效的.

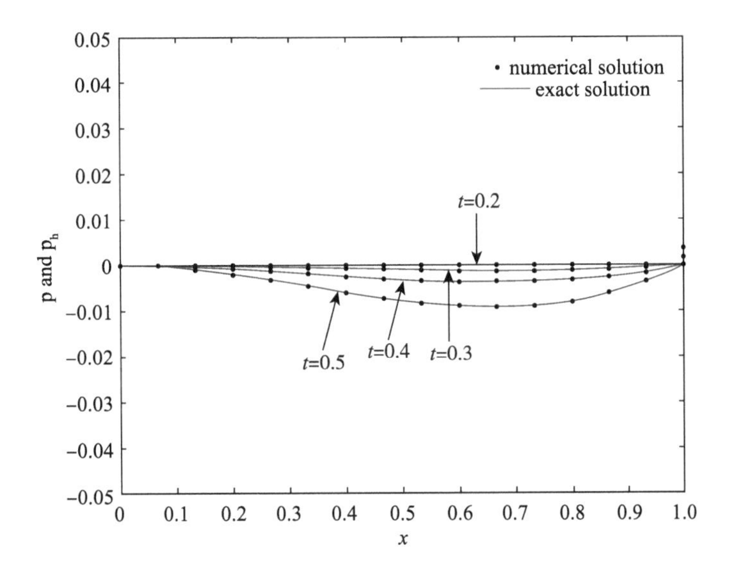

图 3.1　当 $t=0.2, 0.3, 0.4, 0.5$ 时，p 和 p_h 的对比图

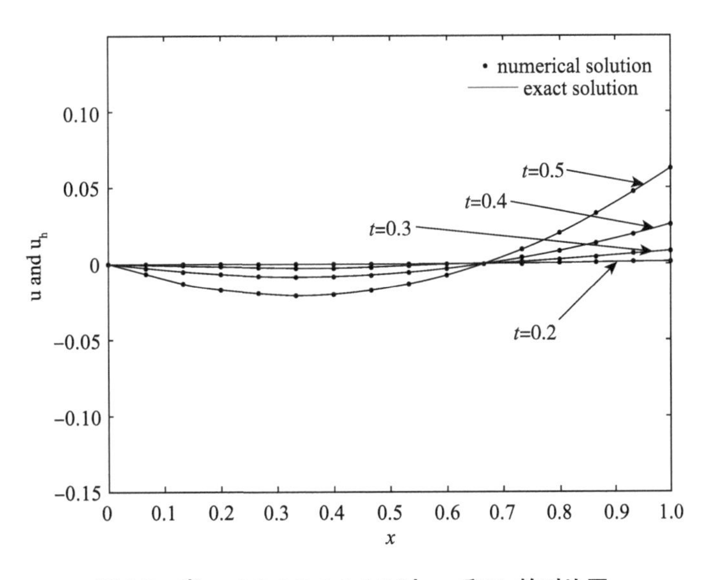

图 3.2　当 $t=0.2, 0.3, 0.4, 0.5$ 时，u和u_h的对比图

在本章中，我们探究了数值求解时间分布阶非线性反应扩散模型的基于二阶σ格式的H^1-Galerkin 混合元算法，讨论了该方法在分布阶数值计算中的数值理论和数值实例，严格证明了格式的无条件稳定性并详细推导未知函数 p及中间辅助函数 u 的先验误差收敛结果，结果表明，本算法在时间方向和空间方向均达到最优收敛精度.

4 非线性时间分布阶双曲波动方程的广义BDF2-θ有限元算法

物理学、工程学等多个领域中的许多实际问题可以用分布阶波动方程来描述，因此学者采用解析方法及多种数值方法研究了分布阶波动方程，并取得了一些成果．由于模型的复杂性，使用解析方法求解较为困难，因此数值方法如有限差分方法、谱方法、Laplace变换方法等受到了学者的广泛关注．2011年，Atanackovic等[112]研究了分布阶时间分数阶波动方程的Laplace变换方法，并进行了理论证明．2013年，Gorenflo等[94]讨论了分布阶时间分数阶波动方程的基本解．2015年，Ye等在参考文献[31]中构造了紧致差分方法，用来数值求解分布阶时间分数阶扩散波动方程．2015年，Gao等在参考文献[113]中讨论了一类二维时间分布阶波动方程的两种交替方向隐式差分方法．2018年，Tomovski等在参考文献[114]中发展了广义分布阶波动方程的Fourier-Laplace变换方法．2018年，Dehghan等在参考文献[115]中构造了模拟分布阶阻尼扩散波动方程的一种基于谱元法的新的数值格式．Hendy等于2018年给出了一类非线性分布阶扩散波方程的线性化紧致差分格式．同年，Li等在参考文献[116]中采用块中心有限差分法求解具有Neumann边界条件的分布阶时间分数阶扩散波动方程．2020年，Janno等[9]研究了具有Caputo时间分数阶导数的扩散和波动方程的两个逆问题．2023年，Eftekhari等在参考文献[8]中研究了时间分布阶扩散波动方程的Laplace变换方法．

4.1　引言

本章，我们考虑如下非线性时间分布阶双曲波动方程：

$$\begin{aligned}
&u_{tt}(x,y,t)+\mathcal{D}_t^{\omega,\beta}u(x,y,t)-\Delta u(x,y,t)+f(u)=g(x,y,t),(x,y)\in\Omega,t\in J,\\
&u(x,y,t)=0,(x,y)\in\partial\Omega,t\in J,\\
&u(x,y,0)=\phi(x,y),(x,y)\in\Omega\cup\partial\Omega,\\
&u_t(x,y,0)=\varphi(x,y),(x,y)\in\Omega\cup\partial\Omega,
\end{aligned}\tag{4.1.1}$$

其中，$\Omega=(a,b)\times(c,d)$，边界$\partial\Omega$是Lipschitz连续的．$J=(0,T]$是时间区间，非线性项$f(u)$满足$|f(u)-f(v)|\leqslant\mathcal{L}|u-v|$，其中，$\mathcal{L}>0$是Lipschitz常量．$\phi(x,y)$和$\varphi(x,y)$是两个给定的函数．

定义

$$\mathcal{D}_t^{\omega,\beta}u(x,y,t)=\int_{\frac{3}{2}}^{2}\omega(\beta){}_0^C D_t^{\beta}u(x,y,t)\mathrm{d}\beta, \tag{4.1.2}$$

其中

$${}_0^C D_t^{\beta}u(x,y,t)=\frac{1}{\Gamma(2-\beta)}\int_0^t(t-s)^{-\beta+1}\frac{\partial^2 u(s)}{\partial s^2}\mathrm{d}s,\ \frac{3}{2}<\beta<2, \tag{4.1.3}$$

同时$\omega(\beta)\geqslant 0,\int_{\frac{3}{2}}^{2}\omega(\beta)\mathrm{d}\beta=C_0>0$.

广义BDF2-θ近似公式是由Yin等在参考文献 [74] 中提出的，是传统BDF2公式的扩展．广义BDF2-θ近似公式引入了一个可以变化的参数θ.

本章的主要目的是研究基于广义BDF2-θ近似公式的FEM数值求解分布阶时间分数阶双曲波动方程．时间分布阶导数使用数值求积公式结合广义BDF2-θ近似公式进行离散，空间方向使用FEM离散，进而得到全离散格式．推导了先验误差估计和稳定性．最后，通过数值模拟验证了算法的可行性．

本章的结构如下：在4.2节中，给出本章所用的引理及记号；在4.3节中，推导基于广义BDF2-θ公式的FE 数值格式；在4.4节中，分析格式的稳定性并讨论了两个函数的最优误差估计；在4.5 节中，给出数值算例来验证结果的正确性；4.6节是结论和未来的工作方向．

4.2　本章所用引理及记号

定义$\beta_r=r\Delta\beta+\beta_0,r=0,1,2\cdots,K$属于区间$\left[\frac{3}{2},2\right]$，其中，$\Delta\beta=\frac{\frac{1}{2}}{K}$且$\frac{3}{2}\leqslant\beta_0<\beta_1<\beta_2<\cdots<\beta_K\leqslant 2$．为了进行进一步研究，给出如下引理．

引理4.2.1[89]　若$w(t)\in C^3[0,T]$，在$t_{n-\theta}$处，$\forall\theta\in\left[0,\frac{1}{2}\right]$，有

$$\frac{\partial v}{\partial t}(t_{n-\theta})=\begin{cases}\partial_t\left[v^{n-\theta}\right]+E_1^{n-\theta},n\geqslant 2,\\ \dfrac{v^1-v^0}{\tau}+E_1^{1-\theta},n=1,\end{cases}\tag{4.2.1}$$

其中

$$\partial_t\left[v^{n-\theta}\right]\triangleq\frac{(3-2\theta)v^n-(4-4\theta)v^{n-1}+(1-2\theta)v^{n-2}}{2\Delta t},$$

同时，$E_1^{n-\theta}=O(\Delta t^2),E_1^{1-\theta}=O(\Delta t)$.

引理 4.2.2[89] 若$v(t)\in C^2[0,T]$，在$t_{n-\theta}$处，$\forall\theta\in\left[0,\frac{1}{2}\right]$，有

$$\begin{aligned}v(t_{n-\theta})&=(1-\theta)v^n+\theta v^{n-1}+E_2^{n-\theta}\\&\triangleq v^{n-\theta}+E_2^{n-\theta},\end{aligned}\tag{4.2.2}$$

且

$$f\left(v(t_{n-\theta})\right)=(2-\theta)f(v^{n-1})-(1-\theta)f(v^{n-2})+E_3^{n-\theta},\tag{4.2.3}$$

其中$E_2^{n-\theta}=O(\Delta t^2),E_3^{n-\theta}=O(\Delta t^2)$.

引理 4.2.3[117] 取$s(\gamma)\in C^2\left[\frac{3}{2},2\right]$，$\gamma_k=\dfrac{\beta_k+\beta_{k-1}}{2}$，$k=1,2,\cdots,K$且$\Delta\gamma=\dfrac{\frac{1}{2}}{K}$，得

$$\int_{\frac{3}{2}}^{2}s(\gamma)\mathrm{d}\gamma=\Delta\gamma\sum_{k=1}^{K}s(\gamma_k)-\frac{\Delta\gamma^2}{24}s^{(2)}(\zeta),\zeta\in\left(\frac{3}{2},2\right).\tag{4.2.4}$$

4.3 有限元格式

为了得到数值格式，引入$\alpha=\beta-1$和$p=\dfrac{\partial u}{\partial t}$. 可将原方程（4.1.1）写为以下耦合系统：

$$\begin{cases}\dfrac{\partial u}{\partial t}=p,\\ p_t(x,y,t)+\mathcal{D}_t^{\omega,\beta}u(x,y,t)-\Delta u(x,y,t)+f(u)=g(x,y,t),(x,y)\in\Omega,t\in J,\\ u(x,y,t)=p(x,y,t)=0,(x,y)\in\partial\Omega,t\in J,\\ u(x,y,0)=\phi(x,y),(x,y)\in\Omega\cup\partial\Omega,\\ u_t(x,y,0)=\varphi(x,y),(x,y)\in\Omega\cup\partial\Omega,\end{cases}\tag{4.3.1}$$

其中，$p=\dfrac{\partial u}{\partial t}$满足边界条件$p(x,y,t)=0,(x,y)\in\partial\Omega,t\in J$. 参考文献 [118] 和 [119] 中也采用了类似的方法.

由引理4.2.3可离散分布阶方程中的积分项. 假设$s(\beta)\in C^2\left[\frac{3}{2},2\right]$，令$s(\beta)=\omega(\beta){}_0^CD_t^{\beta}u$，可推出

$$\mathcal{D}_t^{\omega,\beta}u=\Delta\beta\sum_{k=1}^{K}\omega(\gamma_k){}_0^CD_t^{\gamma_k}u+E_5,$$

其中$E_5=O(\Delta\beta^2)$且$\frac{3}{2}<\beta_k<2$，$\gamma_k=\dfrac{\beta_k+\beta_{k-1}}{2}$.

由于

$$\begin{aligned}\mathcal{D}_t^{\omega,\beta}u&=\int_{\frac{3}{2}}^{2}\omega(\beta){}_0^CD_t^{\beta}u(x,y,t)\mathrm{d}\beta\\&=\int_{\frac{3}{2}}^{2}\omega(\beta)\frac{1}{\Gamma(2-\beta)}\int_0^t(t-s)^{-\beta+1}\frac{\partial^2u(s)}{\partial s^2}\mathrm{d}s\mathrm{d}\beta\\&=\int_{\frac{3}{2}}^{2}\omega(\beta)\frac{1}{\Gamma(1-\alpha)}\int_0^t(t-s)^{-\alpha}\frac{\partial p(s)}{\partial s}\mathrm{d}s\mathrm{d}\beta\\&=\int_{\frac{3}{2}}^{2}\omega(\beta){}_0^CD_t^{\alpha}p(x,y,t)\mathrm{d}\beta,\end{aligned}\tag{4.3.2}$$

因此有

$$\mathcal{D}_t^{\omega,\beta}u=\Delta\beta\sum_{k=1}^{K}\omega(\gamma_k){}_0^CD_t^{\gamma_k-1}p+E_5,\tag{4.3.3}$$

其中$\frac{1}{2}<\alpha_k<1$.

由引理4.2.1及引理2.5.10，可得在$t_{n-\theta}$处（4.3.1）的弱格式如下：

当$n=1$时，

$$\begin{aligned}&\left(\frac{u^1-u^0}{\Delta t},v\right)=\left(p^{1-\theta},v\right)+\left(E_1^{1-\theta},v\right),\\&\left(\frac{p^1-p^0}{\Delta t},w\right)+\left(\Delta\beta\sum_{k=1}^{K}\omega(\gamma_k)\Psi_\tau^{\gamma_k-1,1}p,w\right)+\left(\nabla u^{1-\theta},\nabla w\right)+\left(f(u^0),w\right)\\&=\left(g^{1-\theta},w\right)+\left(\sum_{i=1}^{5}E_i^{1-\theta},w\right);\end{aligned}\tag{4.3.4}$$

当$n\geqslant2$时，

$$\begin{aligned}&\left(\partial_t\left[u^{n-\theta}\right],v\right)=\left(p^{n-\theta},v\right)+\left(E_1^{n-\theta},v\right),\\&\left(\partial_t\left[p^{n-\theta}\right],w\right)+\left(\Delta\beta\sum_{k=1}^{K}\omega(\gamma_k)\Psi_\tau^{\gamma_k-1,n}p,w\right)+\left(\nabla u^{n-\theta},\nabla w\right)\end{aligned}\tag{4.3.5}$$

$$+\left((2-\theta)f(u^{n-1})-(1-\theta)f(u^{n-2}),w\right)=\left(g^{n-\theta},w\right)+\left(\sum_{i=1}^{5}E_i^{n-\theta},w\right).$$

寻求$u_h^n\in V_h^r,p_h^n\in V_h^r$，可得式（4.3.4）和式（4.3.5）的有限元格式为：

当$n=1$时，

$$\left(\frac{u_h^1-u_h^0}{\Delta t},v_h\right)=\left(p_h^{1-\theta},v_h\right),$$

$$\left(\frac{p_h^1-p_h^0}{\Delta t},w_h\right)+\left(\Delta\beta\sum_{k=1}^{K}\omega(\gamma_k)\Psi_\tau^{\gamma_k-1,1}p_h,w_h\right)+\left(\nabla u_h^{1-\theta},\nabla w_h\right)+\left(f(u_h^0),w_h\right)$$

$$=\left(g^{1-\theta},w_h\right); \tag{4.3.6}$$

当$n\geqslant 2$时，

$$\left(\partial_t[u_h^{n-\theta}],v_h\right)=\left(p_h^{n-\theta},v_h\right),$$

$$\left(\partial_t[p_h^{n-\theta}],w_h\right)+\left(\Delta\beta\sum_{k=1}^{K}\omega(\gamma_k)\Psi_\tau^{\gamma_k-1,n}p_h,w_h\right)+\left(\nabla u_h^{n-\theta},\nabla w_h\right) \tag{4.3.7}$$

$$+\left((2-\theta)f(u_h^{n-1})-(1-\theta)f(u_h^{n-2})\ w_h\right)=\left(g^{n-\theta},w_h\right).$$

下面分析有限元系统式（4.3.6）和式（4.3.7）的稳定性并估计误差.

4.4 稳定性分析与误差估计

定理4.4.1 对于系统（4.3.6）和（4.3.7），有以下稳定性不等式成立.

$$\|p_h^n\|^2+\|\nabla u_h^n\|^2+\|u_h^n\|^2\leqslant C\left(\left\|u_h^0\right\|^2+\left\|p_h^0\right\|^2+\left\|\nabla u_h^0\right\|^2+\max_{0\leqslant l\leqslant n}\left\|g^l\right\|^2\right). \tag{4.4.1}$$

证明：在式（4.3.7）中将n替换为m，并取$v_h=u_h^{m-\theta}$，$w_h=p_h^{m-\theta}$，有

当$m\geqslant 2$时，

$$(a)\ \left(\partial_t[u_h^{m-\theta}],u_h^{m-\theta}\right)=\left(p_h^{m-\theta},u_h^{m-\theta}\right),$$

$$(b)\ \left(\partial_t[p_h^{m-\theta}],p_h^{m-\theta}\right)+\left(\Delta\beta\sum_{k=1}^{K}\omega(\gamma_k)\Psi_\tau^{\gamma_k-1,m}p_h,p_h^{m-\theta}\right)+\left(\nabla u_h^{m-\theta},\nabla p_h^{m-\theta}\right) \tag{4.4.2}$$

$$+\left((2-\theta)f(u_h^{m-1})-(1-\theta)f(u_h^{m-2}),p_h^{m-\theta}\right)=\left((1-\theta)g^m+\theta g^{m-1},p_h^{m-\theta}\right).$$

根据引理2.5.13，在式（4.4.2）两端同乘以4τ，并对m从2到n求和，有

$$(a)\|u_h^n\|^2 \leqslant \mathcal{G}[u_h^1] + 4\Delta t\sum_{m=2}^{n}\left(p_h^{m-\theta}, u_h^{m-\theta}\right),$$

$$\begin{aligned}
&(b)\|p_h^n\|^2 + \|\nabla u_h^n\|^2 \\
&\quad +4\Delta t\sum_{m=2}^{n}(1-\theta)\Delta\beta\sum_{k=1}^{K}\omega(\gamma_k)\Delta t^{-(\gamma_k-1)}\sum_{i=0}^{m}\psi_{m-i}^{(\gamma_k-1)}\left(p_h^i, p_h^m\right) \\
&\quad +4\Delta t\sum_{m=2}^{n}\theta\Delta\beta\sum_{k=1}^{K}\omega(\gamma_k)\Delta t^{-(\gamma_k-1)}\sum_{i=0}^{m}\psi_{m-i}^{(\gamma_k-1)}\left(p_h^i, p_h^{m-1}\right) \\
&\leqslant \mathcal{G}[p_h^1] + \mathcal{G}[\nabla u_h^1] - 4\Delta t\sum_{m=2}^{n}\left((2-\theta)f(u_h^{m-1}) - (1-\theta)f(u_h^{m-2}), p_h^{m-\theta}\right) \\
&\quad +4\Delta t\sum_{m=2}^{n}\left((1-\theta)g^m + \theta g^{m-1}, p_h^{m-\theta}\right).
\end{aligned} \tag{4.4.3}$$

将式（4.4.3）中的(a)和(b)两式相加，并根据引理2.5.11移除式（4.4.8）(b)不等号左端的两个非负项，应用Cauchy-Schwarz不等式、Young不等式，可得

$$\begin{aligned}
&\|u_h^n\|^2 + \|p_h^n\|^2 + \|\nabla u_h^n\|^2 \\
&\leqslant \mathcal{G}[u_h^1] + \mathcal{G}[p_h^1] + \mathcal{G}[\nabla u_h^1] + C\Delta t\sum_{m=0}^{n}(\|u_h^m\|^2 + \|p_h^m\|^2) + C\Delta t\sum_{m=1}^{n}\|g^m\|^2.
\end{aligned} \tag{4.4.4}$$

下面我们估计$\mathcal{G}[u_h^1]$, $\mathcal{G}[p_h^1]$, $\mathcal{G}[\nabla u_h^1]$这三项.

在式（4.3.6）中，令$v_h = u_h^{1-\theta}$，$w_h = p_h^{1-\theta}$，有

当$n=1$时，

$$\begin{aligned}
&(a)\left(\frac{u_h^1 - u_h^0}{\Delta t}, u_h^{1-\theta}\right) = \left(p_h^{1-\theta}, u_h^{1-\theta}\right), \\
&(b)\left(\frac{p_h^1 - p_h^0}{\Delta t}, p_h^{1-\theta}\right) + \left(\Delta\beta\sum_{k=1}^{K}\omega(\gamma_k)\Psi_{\Delta t}^{\gamma_k-1,1}p_h, p_h^{1-\theta}\right) + \left(\nabla u_h^{1-\theta}, \nabla p_h^{1-\theta}\right) \\
&\quad +\left(f(u_h^0), p_h^{1-\theta}\right) = \left((1-\theta)g^1 + \theta g^0, p_h^{1-\theta}\right).
\end{aligned} \tag{4.4.5}$$

由于

$$\begin{aligned}
&\left(\frac{u_h^1 - u_h^0}{\Delta t}, (1-\theta)u_h^1 + \theta u_h^0\right) = \frac{\left\|u_h^1\right\|^2 - \left\|u_h^0\right\|^2}{2\Delta t} + \frac{1-2\theta}{2\Delta t}\left\|u_h^1 - u_h^0\right\|^2, \\
&\left(\frac{p_h^1 - p_h^0}{\Delta t}, (1-\theta)p_h^1 + \theta p_h^0\right) = \frac{\left\|p_h^1\right\|^2 - \left\|p_h^0\right\|^2}{2\Delta t} + \frac{1-2\theta}{2\Delta t}\left\|p_h^1 - p_h^0\right\|^2.
\end{aligned} \tag{4.4.6}$$

因此有

$$\begin{aligned}
&(a)\frac{\|u_h^1\|^2-\|u_h^0\|^2}{2\Delta t}+\frac{1-2\theta}{2\Delta t}\|u_h^1-u_h^0\|^2=(p_h^{1-\theta},u_h^{1-\theta}),\\
&(b)\frac{\|p_h^1\|^2-\|p_h^0\|^2}{2\Delta t}+\frac{1-2\theta}{2\Delta t}\|p_h^1-p_h^0\|^2\\
&\quad+\left(\Delta\beta\sum_{k=1}^{K}\omega(\gamma_k)\Delta t^{-(\gamma_k-1)}\sum_{i=0}^{1}\psi_{1-i}^{(\gamma_k-1)}p_h^i,(1-\theta)p_h^1+(\theta)p_h^0\right)\\
&\quad+\frac{\|\nabla u_h^1\|^2-\|\nabla u_h^0\|^2}{2\Delta t}+\frac{1-2\theta}{2\Delta t}\|\nabla u_h^1-\nabla u_h^0\|^2\\
&=-\left(f(u_h^0),p_h^{1-\theta}\right)+\left((1-\theta)g^1+\theta g^0,p_h^{1-\theta}\right).
\end{aligned}\tag{4.4.7}$$

由于$1-2\theta\geqslant 0$，在式（4.4.7）两端同乘以 2τ，并应用Cauchy-Schwarz不等式和Young 不等式，可得

$$\begin{aligned}
&(a)\|u_h^1\|^2\leqslant C\|u_h^0\|^2+C\Delta t\left(\|p_h^1\|^2+\|p_h^0\|^2\right)+C\Delta t\|u_h^1\|^2,\\
&(b)\|p_h^1\|^2+\|\nabla u_h^1\|^2\leqslant C\Delta t\|p_h^1\|^2+C\tau\|u_h^0\|^2+C\|p_h^0\|^2+C\|\nabla u_h^0\|^2+C\Delta t(\|g^1\|^2+\|g^0\|^2).
\end{aligned}\tag{4.4.8}$$

将式（4.4.8）中的(a)和(b)相加，可以推出

$$\begin{aligned}
&\|u_h^1\|^2+\|p_h^1\|^2+\|\nabla u_h^1\|^2\\
&\leqslant C\|p_h^0\|^2+C\|u_h^0\|^2+C\|\nabla u_h^0\|^2+C\Delta t\left(\|p_h^1\|^2+\|u_h^1\|^2\right)+C\Delta t(\|g^1\|^2+\|g^0\|^2).
\end{aligned}\tag{4.4.9}$$

根据引理2.5.13和式（4.4.9），有

$$\begin{aligned}
&\mathcal{G}[p_h^1]+\mathcal{G}[\nabla u_h^1]+\mathcal{G}[u_h^1]\\
&\leqslant C\left(\|u_h^1\|^2+\|p_h^1\|^2+\|\nabla u_h^1\|^2+\|u_h^0\|^2+\|p_h^0\|^2+\|\nabla u_h^0\|^2\right)\\
&\leqslant C\left(\|u_h^0\|^2+\|p_h^0\|^2+\|\nabla u_h^0\|^2\right)+C\Delta t\left(\|p_h^1\|^2+\|u_h^1\|^2\right)+C\Delta t(\|g^1\|^2+\|g^0\|^2).
\end{aligned}\tag{4.4.10}$$

联立式（4.4.4）和式（4.4.10）并根据Gronwall不等式，可得

$$\|u_h^n\|^2+\|p_h^n\|^2+\|\nabla u_h^n\|^2\leqslant C\left(\|u_h^0\|^2+\|p_h^0\|^2+\|\nabla u_h^0\|^2+\Delta t\sum_{m=0}^{n}\|g^m\|^2\right).\tag{4.4.11}$$

至此，完成了关于稳定性的证明.

下面进行误差估计.

引理4.4.1[89] 定义Ritz投影算子 $\mathcal{R}_h: H_0^1(\Omega) \to V_h$，满足

$$(\nabla(u-\mathcal{R}_h u), \nabla v_h) = 0, \forall v_h \in V_h,$$

且有如下不等式成立：

$$\|u-\mathcal{R}_h u\| + h\|u-\mathcal{R}_h u\|_1 \leqslant Ch^{r+1}\|u\|_{r+1}, \forall u \in H_0^1(\Omega) \cap H^{r+1}(\Omega), \tag{4.4.12}$$

其中，范数定义为$\|u\|_l = \sqrt{\sum_{0\leqslant|k|\leqslant l}\int_\Omega |D^k u|^2}$.

为了简化记号，引入

$$u(t_n) - u_h^n = (u(t_n) - \mathcal{R}_h u^n) + (\mathcal{R}_h u^n - u_h^n) = \xi^n + \eta^n,$$
$$p(t_n) - p_h^n = (p(t_n) - \mathcal{R}_h p^n) + (\mathcal{R}_h p^n - p_h^n) = \lambda^n + \varsigma^n.$$

定理4.4.2 设$u(t_n)$和u_h^n分别为式（4.3.4）~（4.3.5）和式（4.3.6）~（4.3.7）的解. 对足够光滑的解$u \in C^3[0,T]$, $p \in C^3[0,T]$，有如下误差估计结果：

$$\|u(t_n) - u_h^n\|^2 + \|p(t_n) - p_h^n\|^2 \leqslant C(h^{2r+2} + \Delta t^4 + \Delta\beta^4), \tag{4.4.13}$$

其中C是不依赖于空间步长h和时间步长τ的正常数.

证明：根据（4.3.5）~（4.3.7）并将n替换为m，取$v_h = \eta^{m-\theta}, w_h = \varsigma^{m-\theta}$可得以下误差方程：

$$\begin{aligned}
&(a)\ \left(\partial_t[\eta^{m-\theta}], \eta^{m-\theta}\right) = -\left(\partial_t[\xi^{m-\theta}], \eta^{m-\theta}\right) + \left(\lambda^{m-\theta} + \varsigma^{m-\theta}, \eta^{m-\theta}\right) + \left(E_1^{m-\theta}, \eta^{m-\theta}\right),\\
&(b)\ \left(\partial_t[\varsigma^{m-\theta}], \varsigma^{m-\theta}\right) + \Delta\beta\sum_{k=1}^{K}\omega(\gamma_k)\Psi_{\Delta t}^{\gamma_k-1,m}(\varsigma, \varsigma^{m-\theta}) + \left(\nabla\eta^{m-\theta}, \nabla\varsigma^{m-\theta}\right)\\
&= \left((2-\theta)\left(f(u^{m-1}) - f(u_h^{m-1})\right) - (1-\theta)\left(f(u^{m-2}) - f(u_h^{m-2})\right), \varsigma^{m-\theta}\right)\\
&\quad - \left(\partial_t[\lambda^{m-\theta}], \varsigma^{m-\theta}\right) - \Delta\beta\sum_{k=1}^{K}\omega(\gamma_k)\Psi_{\Delta t}^{\gamma_k-1,m}(\lambda, \varsigma^{m-\theta})\\
&\quad -\left(\nabla\xi^{m-\theta}, \nabla\varsigma^{m-\theta}\right) + \left(\sum_{i=1}^{5}E_i^{m-\theta}, \varsigma^{m-\theta}\right).
\end{aligned} \tag{4.4.14}$$

应用引理2.5.13并在式（4.4.14）两端同乘以4τ，对m从2到n求和，有

$$\begin{aligned}
&(a)\|\eta^n\|^2\\
&\leqslant \mathcal{G}[\eta^1] + 4\Delta t\sum_{m=2}^{n}\left(-\left(\partial_t[\xi^{m-\theta}], \eta^{m-\theta}\right) + \left(\lambda^{m-\theta} + \varsigma^{m-\theta}, \eta^{m-\theta}\right) + \left(E_1^{m-\theta}, \eta^{m-\theta}\right)\right),\\
&(b)\|\varsigma^n\|^2 + \|\nabla\eta^n\|^2 + 4\Delta t\sum_{m=2}^{n}(1-\theta)\Delta\beta\sum_{k=1}^{K}\omega(\gamma_k)\Delta t^{-(\gamma_k-1)}\sum_{i=0}^{m}\psi_{m-i}^{(\gamma_k-1)}(\varsigma^i, \varsigma^m)
\end{aligned}$$

$$
\begin{aligned}
&+4\Delta t\sum_{m=2}^{n}\theta\Delta\beta\sum_{k=1}^{K}\omega(\gamma_k)\Delta t^{-(\gamma_k-1)}\sum_{i=0}^{m}\psi_{m-i}^{(\gamma_k-1)}(\varsigma^i,\varsigma^{m-1})\\
&\leqslant \mathcal{G}[\varsigma^1]+\mathcal{G}[\nabla\eta^1]+4\Delta t\sum_{m=2}^{n}\Big((2-\theta)\Big(f(u^{m-1})-f(u_h^{m-1})\Big),\varsigma^{m-\theta}\Big)\\
&\quad-4\Delta t\sum_{m=2}^{n}\Big((1-\theta)\Big(f(u^{m-2})-f(u_h^{m-2})\Big),\varsigma^{m-\theta}\Big)\\
&\quad-4\Delta t\sum_{m=2}^{n}\left(\partial_t[\lambda^{m-\theta}],\varsigma^{m-\theta}\right)-\sum_{m=2}^{n}4\Delta t\Delta\beta\sum_{k=1}^{K}\omega(\gamma_k)\Psi_{\Delta t}^{\gamma_k-1,m}(\lambda,\varsigma^{m-\theta})\\
&\quad-4\Delta t\sum_{m=2}^{n}\left(\nabla\xi^{m-\theta},\nabla\varsigma^{m-\theta}\right)+4\Delta t\sum_{m=2}^{n}\left(\sum_{i=1}^{5}E_i^{m-\theta},\varsigma^{m-\theta}\right).
\end{aligned}
\tag{4.4.15}
$$

将式（4.4.15）中的(a)和(b)两式相加，并根据引理 2.5.11 移除式（4.4.15）(b)不等号左端的两个非负项，可以推出

$$
\begin{aligned}
&\|\eta^n\|^2+\|\varsigma^n\|^2+\|\nabla\eta^n\|^2\\
&\leqslant \mathcal{G}[\eta^1]+\mathcal{G}[\varsigma^1]+\mathcal{G}[\nabla\eta^1]\\
&+4\Delta t\sum_{m=2}^{n}\Big((2-\theta)\Big(f(u^{m-1})-f(u_h^{m-1})\Big)-(1-\theta)\Big(f(u^{m-2})-f(u_h^{m-2})\Big),\varsigma^{m-\theta}\Big)\\
&+4\Delta t\sum_{m=2}^{n}\left(\sum_{i=1}^{5}E_i^{m-\theta},\varsigma^{m-\theta}\right)-4\tau\sum_{m=2}^{n}\left(\partial_t[\lambda^{m-\theta}],\varsigma^{m-\theta}\right)\\
&-4\Delta t\sum_{m=2}^{n}\Delta\beta\sum_{k=1}^{K}\omega(\gamma_k)\Psi_{\Delta t}^{\gamma_k-1,m}(\lambda,\varsigma^{m-\theta})-4\Delta t\sum_{m=2}^{n}\left(\nabla\xi^{m-\theta},\nabla\varsigma^{m-\theta}\right)\\
&-4\Delta t\sum_{m=2}^{n}\left(\partial_t[\xi^{m-\theta}],\eta^{m-\theta}\right)+4\Delta t\sum_{m=2}^{n}\left(\lambda^{m-\theta}+\varsigma^{m-\theta},\eta^{m-\theta}\right)+4\Delta t\sum_{m=2}^{n}\left(E_1^{m-\theta},\eta^{m-\theta}\right)\\
&=\mathcal{G}[\eta^1]+\mathcal{G}[\varsigma^1]+\mathcal{G}[\nabla\eta^1]+R_1+R_2+R_3+R_4+R_5+R_6+R_7+R_8.
\end{aligned}
\tag{4.4.16}
$$

下面我们估计$R_1+R_2+R_3+R_4+R_5+R_6+R_7+R_8$.

应用三角不等式、Cauchy-Schwarz不等式和Young不等式，有

$$
\begin{aligned}
R_1&=4\tau\sum_{m=2}^{n}\Big((2-\theta)\Big(f(u^{m-1})-f(u_h^{m-1})\Big)-(1-\theta)\Big(f(u^{m-2})-f(u_h^{m-2})\Big),\varsigma^{m-\theta}\Big)\\
&\leqslant C\tau\sum_{m=0}^{n}\left(\|\xi^m\|^2+\|\eta^m\|^2+\|\varsigma^m\|^2\right).
\end{aligned}
\tag{4.4.17}
$$

同时，可以推出

$$
\begin{aligned}
R_2 &= 4\Delta t \sum_{m=2}^{n} \left(\sum_{i=1}^{5} E_i^{m-\theta}, \varsigma^{m-\theta} \right) \\
&\leqslant C\Delta t \sum_{m=1}^{n} (\Delta t^4 + \Delta\beta^4 + \|\varsigma^m\|^2).
\end{aligned} \tag{4.4.18}
$$

根据Cauchy-Schwarz不等式和Young不等式，有

$$
\begin{aligned}
R_3 &= -4\Delta t \sum_{m=2}^{n} \left(\partial_t[\lambda^{m-\theta}], \varsigma^{m-\theta}\right) \\
&\leqslant C\int_{t_0}^{t_n} \|\lambda_t\|^2 \, dt + C\Delta t \sum_{m=1}^{n} \|\varsigma^m\|^2.
\end{aligned} \tag{4.4.19}
$$

应用Cauchy-Schwarz不等式、Young不等式以及引理 4.4.1，可以得到

$$
\begin{aligned}
R_4 &= -4\Delta t \sum_{m=2}^{n} \Delta\beta \sum_{k=1}^{K} \omega(\gamma_k) \Psi_{\Delta t}^{\gamma_k - 1, m}\left(\lambda, \varsigma^{m-\theta}\right) \\
&= -4\Delta t \sum_{m=2}^{n} \Delta\beta \sum_{k=1}^{K} \omega(\gamma_k) \left({}_0^C D_t^{\gamma_k - 1} \lambda^{m-\theta}, \varsigma^{m-\theta}\right) \\
&\quad +4\Delta t \sum_{m=2}^{n} \Delta\beta \sum_{k=1}^{K} \omega(\gamma_k) \left(E_4^{m-\theta}, \varsigma^{m-\theta}\right) \\
&\leqslant C\Delta t \sum_{m=1}^{n} (h^{2r+2} + \Delta t^4) + C\Delta t \sum_{m=1}^{n} \|\varsigma^m\|^2.
\end{aligned} \tag{4.4.20}
$$

由投影的性质，可得

$$
R_5 = -\sum_{m=2}^{n} 4\Delta t\left(\nabla\xi^{m-\theta}, \nabla\varsigma^{m-\theta}\right) = 0. \tag{4.4.21}
$$

采取与计算R_3类似的过程，可以推出

$$
\begin{aligned}
R_6 &= -4\Delta t \sum_{m=2}^{n} \left(\partial_t[\xi^{m-\theta}], \eta^{m-\theta}\right) \\
&\leqslant C\int_{t_0}^{t_n} \|\xi_t\|^2 \, \mathrm{d}t + C\tau \sum_{m=1}^{n} \|\eta^m\|^2.
\end{aligned} \tag{4.4.22}
$$

应用Cauchy-Schwarz不等式和Young不等式，可以得到

$$
\begin{aligned}
R_7 &= 4\tau \sum_{m=2}^{n} \left(\lambda^{m-\theta} + \varsigma^{m-\theta}, \eta^{m-\theta}\right) \\
&\leqslant C\Delta t \sum_{m=1}^{n} (\|\lambda^m\|^2 + \|\varsigma^m\|^2 + \|\eta^m\|^2).
\end{aligned} \tag{4.4.23}
$$

采取与计算R_2类似的过程，有

$$\begin{aligned} R_8 &= 4\Delta t\sum_{m=2}^{n}\left(E_1^{m-\theta},\eta^{m-\theta}\right)\\ &\leqslant C\Delta t\sum_{m=1}^{n}\left(\Delta t^4+\|\eta^m\|^2\right). \end{aligned} \tag{4.4.24}$$

将式（4.4.17）~（4.4.24）代入式（4.4.16）中，得

$$\begin{aligned} &\|\eta^n\|^2+\|\varsigma^n\|^2+\|\nabla\eta^n\|^2\\ \leqslant &\mathcal{G}[\eta^1]+\mathcal{G}[\varsigma^1]+\mathcal{G}[\nabla\eta^1]+C\Delta t\sum_{m=0}^{n}\left(\|\xi^m\|^2+\|\eta^m\|^2+\|\lambda^m\|^2+\|\varsigma^m\|^2\right)\\ &+C\Delta t\sum_{m=1}^{n}\left(h^{2r+2}+\Delta t^4+\Delta\beta^4\right)+C\int_{t_0}^{t_n}\|\lambda_t\|^2\,\mathrm{d}t+C\int_{t_0}^{t_n}\|\xi_t\|^2\,\mathrm{d}t. \end{aligned} \tag{4.4.25}$$

下面，给出$\mathcal{G}[\eta^1]$，$\mathcal{G}[\varsigma^1]$和$\mathcal{G}[\nabla\eta^1]$的估计.

用式（4.3.4）减式（4.3.6），并取$v_h=\eta^{1-\theta}$，$w_h=\varsigma^{1-\theta}$，得

$$\begin{aligned} &(a)\left(\frac{\eta^1-\eta^0}{\Delta t},\eta^{1-\theta}\right)=-\left(\frac{\xi^1-\xi^0}{\Delta t},\eta^{1-\theta}\right)+\left(\lambda^{1-\theta}+\varsigma^{1-\theta},\eta^{1-\theta}\right)+\left(E_1^{1-\theta},\eta^{1-\theta}\right),\\ &(b)\left(\frac{\varsigma^1-\varsigma^0}{\Delta t},\varsigma^{1-\theta}\right)+\Delta\beta\sum_{k=1}^{K}\omega(\gamma_k)\Psi_{\Delta t}^{\gamma_k-1,1}\left(\varsigma,\varsigma^{1-\theta}\right)+\left(\nabla\eta^{1-\theta},\nabla\varsigma^{1-\theta}\right)\\ &=\left(f(u^0)-f(u_h^0),\varsigma^{1-\theta}\right)+\left(\sum_{i=1}^{5}E_i^{1-\theta},\varsigma^{1-\theta}\right)-\left(\frac{\lambda^1-\lambda^0}{\Delta t},\varsigma^{1-\theta}\right)\\ &-\Delta\beta\sum_{k=1}^{K}\omega(\gamma_k)\Psi_{\Delta t}^{\gamma_k-1,1}\left(\lambda,\varsigma^{1-\theta}\right)-\left(\nabla\xi^{1-\theta},\nabla\varsigma^{1-\theta}\right). \end{aligned} \tag{4.4.26}$$

由于

$$\begin{aligned} &\left(\frac{\eta^1-\eta^0}{\Delta t},(1-\theta)\eta^1+\theta\eta^0\right)=\frac{\|\eta^1\|^2-\|\eta^0\|^2}{2\Delta t}+\frac{1-2\theta}{2\Delta t}\|\eta^1-\eta^0\|^2,\\ &\left(\frac{\varsigma^1-\varsigma^0}{\Delta t},(1-\theta)\varsigma^1+\theta\varsigma^0\right)=\frac{\|\varsigma^1\|^2-\|\varsigma^0\|^2}{2\Delta t}+\frac{1-2\theta}{2\Delta t}\|\varsigma^1-\varsigma^0\|^2,\\ &\left(\nabla\eta^{1-\theta},\nabla\varsigma^{1-\theta}\right)=\frac{\|\nabla\eta^1\|^2-\|\nabla\eta^0\|^2}{2\Delta t}+\frac{1-2\theta}{2\Delta t}\|\nabla\eta^1-\nabla\eta^0\|^2, \end{aligned} \tag{4.4.27}$$

因此，可以推出

$$\begin{aligned} (a)\,&\frac{\|\eta^1\|^2-\|\eta^0\|^2}{2\Delta t}+\frac{1-2\theta}{2\Delta t}\|\eta^1-\eta^0\|^2\\ &=-\left(\frac{\xi^1-\xi^0}{\Delta t},\eta^{1-\theta}\right)+\left(\lambda^{1-\theta}+\varsigma^{1-\theta},\eta^{1-\theta}\right)+\left(E_1^{1-\theta},\eta^{1-\theta}\right), \end{aligned}$$

$$
\begin{aligned}
&(b)\frac{\|\varsigma^1\|^2-\|\varsigma^0\|^2}{2\Delta t}+\frac{1-2\theta}{2\Delta t}\|\varsigma^1-\varsigma^0\|^2+\Delta\beta\sum_{k=1}^{K}\omega(\gamma_k)\Psi_{\Delta t}^{\gamma_k-1,1}(\varsigma,\varsigma^{1-\theta})\\
&\quad+\frac{\|\nabla\eta^1\|^2-\|\nabla\eta^0\|^2}{2\Delta t}+\frac{1-2\theta}{2\Delta t}\|\nabla\eta^1-\nabla\eta^0\|^2\\
&=\left(f(u^0)-f(u_h^0),\varsigma^{1-\theta}\right)+\left(\sum_{i=1}^{5}E_i^{1-\theta},\varsigma^{1-\theta}\right)-\left(\frac{\lambda^1-\lambda^0}{\Delta t},\varsigma^{1-\theta}\right)\\
&\quad-\Delta\beta\sum_{k=1}^{K}\omega(\gamma_k)\Psi_{\Delta t}^{\gamma_k-1,1}(\lambda,\varsigma^{1-\theta})-\left(\nabla\xi^{1-\theta},\nabla\varsigma^{1-\theta}\right).
\end{aligned}
\tag{4.4.28}
$$

由于$1-2\theta\geqslant 0$，在式（4.4.28）两端同时乘以2τ，并根据Cauchy-Schwarz不等式以及Young不等式，有

$$
\begin{aligned}
&(a)\|\eta^1\|^2\leqslant\|\eta^0\|^2-2\Delta t\left(\frac{\xi^1-\xi^0}{\Delta t},\eta^{1-\theta}\right)+2\Delta t\left(\lambda^{1-\theta}+\varsigma^{1-\theta},\eta^{1-\theta}\right)+2\Delta t\left(E_1^{1-\theta},\eta^{1-\theta}\right),\\
&(b)\|\varsigma^1\|^2+\|\nabla\eta^1\|^2\\
&\leqslant 2\Delta t\left(f(u^0)-f(u_h^0),\varsigma^{1-\theta}\right)+2\Delta t\left(\sum_{i=1}^{5}E_i^{1-\theta},\varsigma^{1-\theta}\right)-2\Delta t\left(\frac{\lambda^1-\lambda^0}{\Delta t},\varsigma^{1-\theta}\right)\\
&\quad-2\Delta t\left(\Delta\beta\sum_{k=1}^{K}\omega(\gamma_k)\Delta t^{-(\gamma_k-1)}\sum_{i=0}^{1}\psi_{1-i}^{(\gamma_k-1)}\lambda^i,\varsigma^{1-\theta}\right)\\
&\quad-2\Delta t\left(\nabla\xi^{1-\theta},\nabla\varsigma^{1-\theta}\right)+\|\varsigma^0\|^2+\|\nabla\eta^0\|^2.
\end{aligned}
\tag{4.4.29}
$$

将式（4.4.29）中的(a)和(b)相加，可以推出

$$
\begin{aligned}
&\|\eta^1\|^2+\|\varsigma^1\|^2+\|\nabla\eta^1\|^2\\
&\leqslant\|\varsigma^0\|^2+\|\eta^0\|^2+\|\nabla\eta^0\|^2+2\Delta t\left(f(u^0)-f(u_h^0),\varsigma^{1-\theta}\right)+2\Delta t\left(\sum_{i=1}^{5}E_i^{1-\theta},\varsigma^{1-\theta}\right)\\
&\quad-2\Delta t\left(\frac{\lambda^1-\lambda^0}{\Delta t},\varsigma^{1-\theta}\right)-2\Delta t\left(\Delta\beta\sum_{k=1}^{K}\omega(\gamma_k)\Delta t^{-(\gamma_k-1)}\sum_{i=0}^{1}\psi_{1-i}^{(\gamma_k-1)}\lambda^i,\varsigma^{1-\theta}\right)\\
&\quad-2\Delta t\left(\nabla\xi^{1-\theta},\nabla\varsigma^{1-\theta}\right)-2\Delta t\left(\frac{\xi^1-\xi^0}{\Delta t},\eta^{1-\theta}\right)+2\Delta t\left(\lambda^{1-\theta}+\varsigma^{1-\theta},\eta^{1-\theta}\right)+2\Delta t\left(E_1^{1-\theta},\eta^{1-\theta}\right)\\
&=\|\varsigma^0\|^2+\|\eta^0\|^2+\|\nabla\eta^0\|^2+R_{11}+R_{12}+R_{13}+R_{14}+R_{15}+R_{16}+R_{17}+R_{18}.
\end{aligned}
\tag{4.4.30}
$$

采用计算$R_1\sim R_8$类似的过程，可得

$$
\begin{aligned}
&\|\eta^1\|^2+\|\varsigma^1\|^2+\|\nabla\eta^1\|^2\\
&\leqslant\|\varsigma^0\|^2+\|\eta^0\|^2+\|\nabla\eta^0\|^2\\
&\quad+C\Delta t(\|\xi^0\|^2+\|\lambda^0\|^2+\|\lambda^1\|^2+\|\eta^0\|^2+\|\eta^1\|^2+\|\varsigma^0\|^2+\|\varsigma^1\|^2)\\
&\quad+C(h^{2r+2}+\Delta t^4+\Delta\beta^4)+C\|\lambda^1\|^2+C\|\xi^1\|^2.
\end{aligned}
\tag{4.4.31}
$$

因此，根据引理 2.5.13 和式（4.4.31），可以推出

$$
\begin{aligned}
&\mathcal{G}[\eta^1]+\mathcal{G}[\varsigma^1]+\mathcal{G}[\nabla\eta^1]\\
&\leqslant C(\|\eta^1\|^2+\|\varsigma^1\|^2+\|\nabla\eta^1\|^2+\|\eta^0\|^2+\|\varsigma^0\|^2+\|\nabla\eta^0\|^2)\\
&\leqslant C(\|\varsigma^0\|^2+\|\eta^0\|^2+\|\nabla\eta^0\|^2)\\
&\quad+C\Delta t(\|\xi^0\|^2+\|\lambda^0\|^2+\|\lambda^1\|^2+\|\eta^0\|^2+\|\eta^1\|^2+\|\varsigma^0\|^2+\|\varsigma^1\|^2)\\
&\quad+C(h^{2r+2}+\Delta t^4+\Delta\beta^4)+C\|\lambda^1\|^2+C\|\xi^1\|^2.
\end{aligned}
\tag{4.4.32}
$$

联立式（4.4.25）和式（4.4.32），并根据Cauchy-Schwarz不等式、Young不等式、Gronwall引理以及引理 4.4.1，可得

$$
\|\eta^n\|^2+\|\varsigma^n\|^2+\|\nabla\eta^n\|^2\leqslant C(h^{2r+2}+\Delta t^4+\Delta\beta^4). \tag{4.4.33}
$$

联立式（4.4.33）和式（4.4.12）并使用三角不等式就可以得到定理 4.4.2 的结果. 至此，我们完成了定理的证明.

4.5 数值算例

本节我们通过一些数值算例来验证理论结果的正确性以及格式的可行性.

例4.5.1 在区域$[0,1]^2\times\left[0,\frac{1}{2}\right]$中，取$\omega(\beta)=\Gamma(4-\beta)$，非线性项$f(u)=\sin(u)$，源项

$$
g(x,y,t)=\left(6t+\frac{6\left(t\sqrt{t}-t\right)}{\ln t}+2\pi^2t^3\right)\sin\pi x\sin\pi y+\sin(t^3\sin\pi x\sin\pi y),
$$

精确解

$$
u=t^3\sin\pi x\sin\pi y.
$$

在表4.1中，令θ=0.2, $\Delta\alpha=\frac{1}{400}$, $\Delta t=h_x=h_y=\frac{1}{8}$，$\frac{1}{16}$，$\frac{1}{32}$，$\frac{1}{64}$，计算得到了$u$的误差估计结果、收敛阶以及计算时间. 在表 4.2 中，取 θ=0.5, $\Delta\alpha=\frac{1}{400}$, $\Delta t=h_x=h_y=\frac{1}{8}$，$\frac{1}{16}$，$\frac{1}{32}$，$\frac{1}{64}$，计算出了$u$的误差估计结果、收敛阶以及计算时间. 从表中的数据结果可以看出，本章内容所构造的算法时空收敛阶均接近于二阶，与理论分析结果一致，因此验证了本算法在数值求解非线性时间分布阶双曲波动方程中的有效性.

表 4.1 当θ=0.2, $\Delta\alpha=\frac{1}{400}$, $\Delta t=h_x=h_y=\frac{1}{8},\frac{1}{16},\frac{1}{32},\frac{1}{64}$时的误差和收敛阶

Δt	$h_x=h_y$	$\Vert u-u_h\Vert$	收敛阶	CPU −时间（秒）
$\frac{1}{8}$	$\frac{1}{8}$	5.3364E − 03	−	0.61
$\frac{1}{16}$	$\frac{1}{16}$	1.4775E − 03	1.8527	2.54
$\frac{1}{32}$	$\frac{1}{32}$	3.7845E − 04	1.9650	15.57
$\frac{1}{64}$	$\frac{1}{64}$	9.5188E − 05	1.9913	134.66

表 4.2 当θ=0.5, $\Delta\alpha=\frac{1}{400}$, $\Delta t=h_x=h_y=\frac{1}{8},\frac{1}{16},\frac{1}{32},\frac{1}{64}$时的误差和收敛阶

Δt	$h_x=h_y$	$\Vert u-u_h\Vert$	收敛阶	CPU −时间（秒）
$\frac{1}{8}$	$\frac{1}{8}$	1.2946E − 03	−	1.92
$\frac{1}{16}$	$\frac{1}{16}$	3.3269E − 04	1.9603	2.57
$\frac{1}{32}$	$\frac{1}{32}$	8.4615E − 05	1.9752	16.45
$\frac{1}{64}$	$\frac{1}{64}$	2.1377E − 05	1.9849	130.07

在图4.1～图4.4中，给出了当t=0.5时，取θ=0.2, $\Delta\alpha=\frac{1}{400}$, $\Delta t=h_x=h_y=\frac{1}{8},\frac{1}{16},\frac{1}{32},\frac{1}{64}$时的数值解$u_h$的表面图. 从图像中可以直观地看出剖分越细，数值解的图像越接近精确解的图像. 在图 4.5～图4.8中，给出了t=0.5时，当θ=0.2, $\Delta\alpha=\frac{1}{400}$, $\Delta t=h_x=h_y=\frac{1}{8},\frac{1}{16},\frac{1}{32},\frac{1}{64}$时的误差$u-u_h$的图像. 根据图像可以看出数值解与精确解误差很小，本章所构造的数值方法在求解非线性时间分布阶双曲波动方程时是十分有效的.

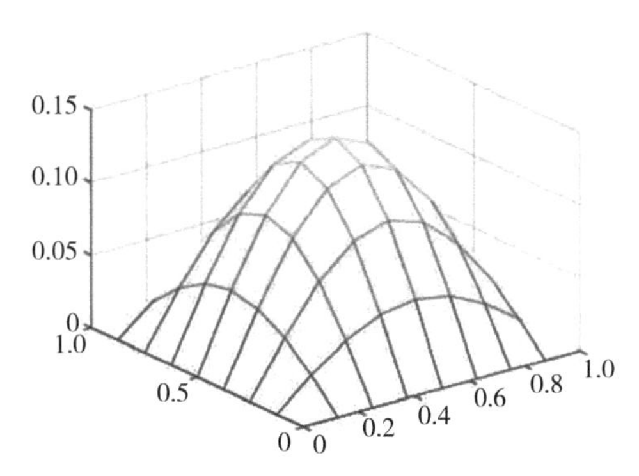

图 4.1　当 $\theta=0.2, \Delta\alpha=\frac{1}{400}, \Delta t=h_x=h_y=\frac{1}{8}$时，在 $t=0.5$ 处的数值解 u_h

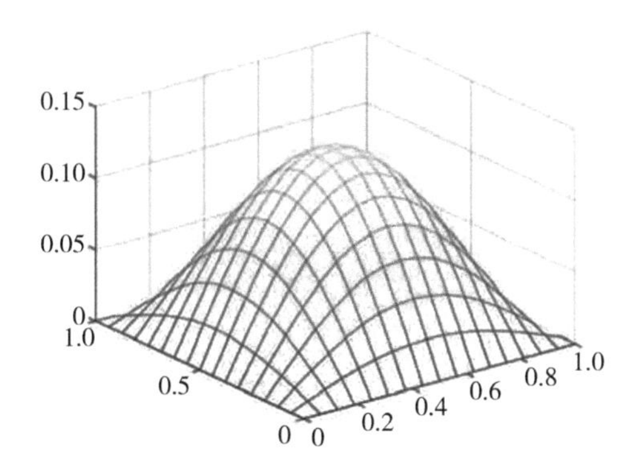

图 4.2　当 $\theta=0.2, \Delta\alpha=\frac{1}{400}, \Delta t=h_x=h_y=\frac{1}{16}$时，在 $t=0.5$ 处的数值解 u_h

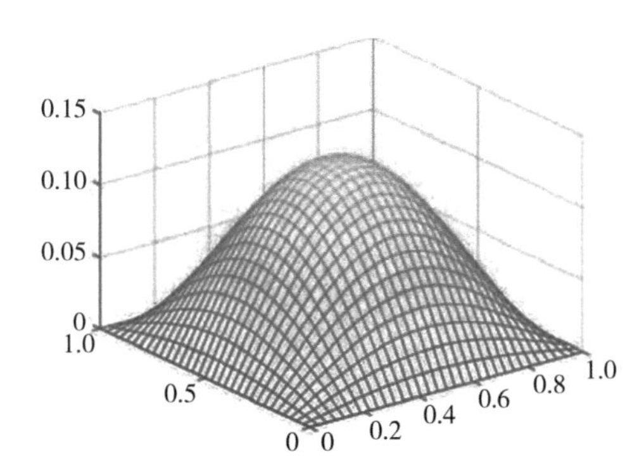

图 4.3　当 $\theta=0.2, \Delta\alpha=\frac{1}{400}, \Delta t=h_x=h_y=\frac{1}{32}$时，在 $t=0.5$ 处的数值解 u_h

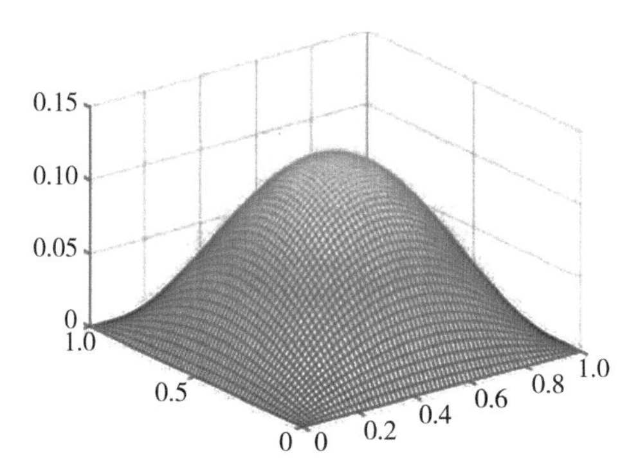

图 4.4　当 $\theta=0.2,\Delta\alpha=\dfrac{1}{400},\Delta t=h_x=h_y=\dfrac{1}{64}$时，在 $t=0.5$ 处的数值解 u_h

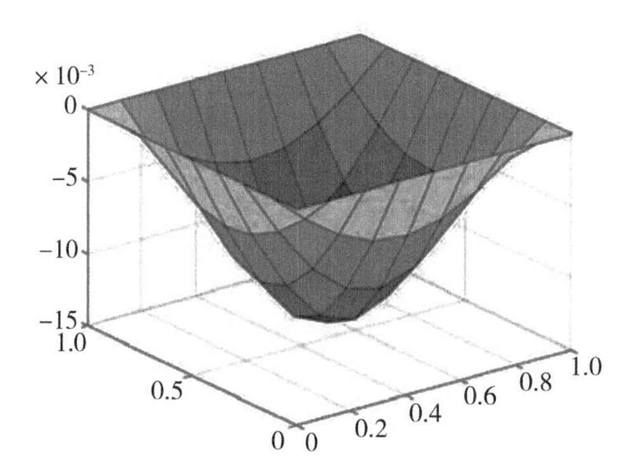

图 4.5　当 $\theta=0.2,\Delta\alpha=\dfrac{1}{400},\Delta t=h_x=h_y=\dfrac{1}{8}$时，在 $t=0.5$ 处的误差$u-u_h$

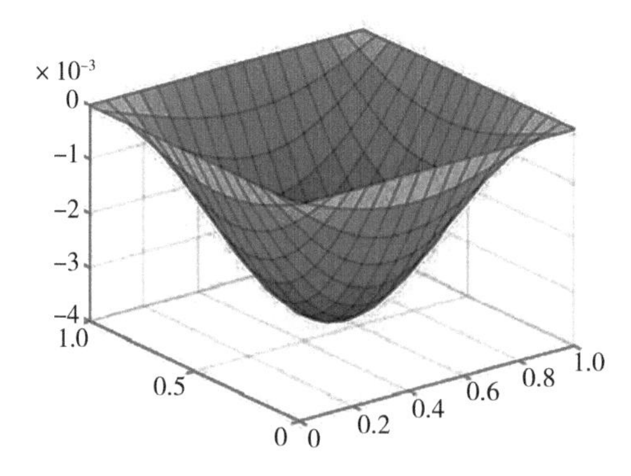

图 4.6　当 $\theta=0.2,\Delta\alpha=\dfrac{1}{400},\Delta t=h_x=h_y=\dfrac{1}{16}$时，在 $t=0.5$ 处的误差 $u-u_h$

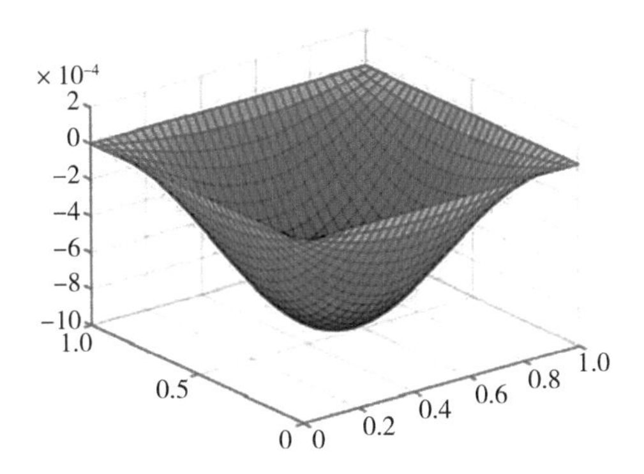

图 4.7 当 $\theta=0.2, \Delta\alpha=\frac{1}{400}, \Delta t=h_x=h_y=\frac{1}{32}$时，在 $t=0.5$ 处的误差 $u-u_h$

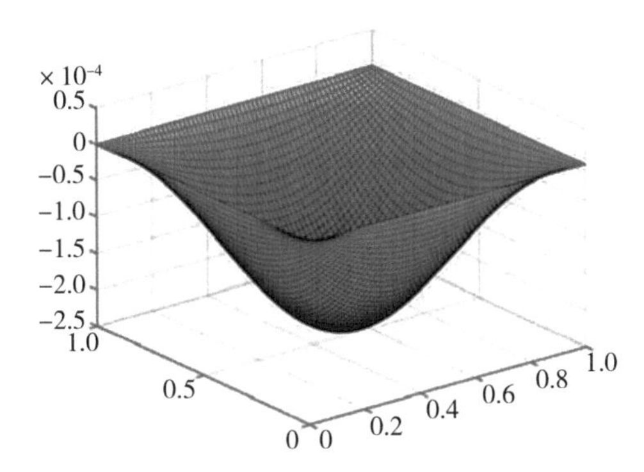

图 4.8 当 $\theta=0.2, \Delta\alpha=\frac{1}{400}, \Delta t=h_x=h_y=\frac{1}{64}$时，在 $t=0.5$ 处的误差 $u-u_h$

4.6 结果讨论

本章我们构造了数值求解非线性时间分布阶双曲波动方程的一种基于广义BDF2-θ的FEM，并证明了格式的稳定性，同时给出了两个函数u和p的最优误差估计结果. 通过实际的算例也可以看到所构造的算法在时间和空间方向均达到了二阶收敛精度，进一步验证了格式的可行性和正确性，可推广应用至求解更多问题.

5 非线性时间分布阶反应扩散方程的两层网格ADI有限元算法

两层网格有限元方法可以节省计算时间，提高计算效率，因而受到学者的广泛关注．1994年，Xu 在参考文献 [120] 中提出了求解半线性椭圆边值问题的两层网格有限元方法，并于 1996 年将该方法推广应用至数值求解线性和非线性偏微分方程[121]．自该方法提出以来，主要应用于计算整数阶偏微分方程模型．直到 2015 年，Liu 等[92] 构造了基于混合元的两层网格算法，用于数值求解分数阶四阶非线性反应扩散模型，同时对比了传统的非线性 Galerkin 有限元算法与该算法的计算时间．之后，两层网格有限元方法逐步应用于数值求解分数阶偏微分方程．2016 年，Liu 等在参考文献 [93] 中构造了基于高阶时间离散格式的两层网格有限元算法数值求解非线性分数阶 Cable 方程．2019 年，Chen 等在参考文献 [122] 中提出了一种两层网格特征修正方法，用于数值求解二维变阶分数阶非线性对流扩散问题．2022年，Zeng 等[123] 讨论了求解非线性时间分数阶变系数扩散方程的一种高效的两层网格有限元法．2023年，Li 和 Tan 在参考文献 [124] 中，提出了一种基于全离散有限元方案的两层网格算法求解具有变系数的非线性时间分数阶波方程，该算法不仅保持了数值精度，而且节省了大量计算时间，得到了最优收敛阶．2023 年，Hu 等在参考文献 [125] 中提出了一种采用非均匀 L1 方案的双网格有限元方法，用于求解非线性时间分数阶薛定谔方程．

1971 年，Douglas 和 Dupont 在参考文献 [126] 中提出了ADI 有限元方法．该方法是求解多维微分方程的一种高效算法，同时具备交替方向隐式法和有限元算法的优点，因此在实际计算中，计算量低、存储量少同时还可以保持较高的精度．Dendy[127-128]、Fernandes[129] 和 Zhang[130] 等学者对该方法进行了深入研究，将该方法推广应用至多种问题，拓展了该方法的应用范围．Li 等[131] 于2013 年研究了二维分数阶扩散波动问题的 ADI Galerkin 有限元方法．Li 和 Xu[132] 于2014 年发展了时间分数阶发展方程二维模型的 ADI Galerkin 有限元算法．2017 年，Chen 和 Li[133] 构造了一种有效的 ADI Galerkin 方法数值求解时间分数阶偏微分方程．同年，Li 和 Huang[134] 提出数值计算空间二维的时空分数阶非线性扩散波模型的 ADI 有限元思想．2020 年，

Chen 在参考文献[135] 中运用ADI 有限元算法讨论了两类带有 Riesz 空间分数阶导数的偏微分方程. 2023 年, Qiu 等在参考文献 [136] 中提出并分析了 ADI Galerkin 有限元方法, 用于求解二维分数阶积分微分方程. 近年来, 学者逐步将该方法应用于求解分布阶偏微分方程并取得了一些成效. 2020 年, Qiu 等[53] 使用ADI Galerkin 有限元法求解二维分布阶时间分数阶移动–非移动方程. 2023年, Hou等[137]讨论了非线性时间分布阶反应扩散方程的两层网格ADI有限元算法, 得到了空间方向的二阶收敛精度.

5.1 引言

考虑非线性时间分布阶反应扩散方程:

$$\begin{cases} u_t(x,y,t)+\mathcal{D}_t^{\omega}u(x,y,t)-\Delta u(x,y,t)+m(u)=f(x,y,t),(x,y)\in\Omega,t\in J, \\ u(x,y,t)=0,(x,y)\in\partial\Omega,t\in\bar{J}, \\ u(x,y,0)=0,(x,y)\in\overline{\Omega}. \end{cases} \tag{5.1.1}$$

其中, $\Omega=I_x\times I_y=(0,L)\times(0,L)$边界 $\partial\Omega$ 满足 Lipschitz 条件, $J=(0,T]$是时间区间. $f(x,y,t)$是一个给定的函数. 非线性反应项 $m(u)$ 满足$|m(u)|\leqslant C|u|$ 且 $|m'(u)|\leqslant C$, 这里C是正常数.分布阶导数定义为

$$\mathcal{D}_t^{\omega}u(x,y,t)=\int_0^1\omega(\alpha)_0^C D_t^{\alpha}u(x,y,t)\mathrm{d}\alpha, \tag{5.1.2}$$

其中

$${}_0^C D_t^{\alpha}u(x,y,t)=\begin{cases} \dfrac{1}{\Gamma(1-\alpha)}\displaystyle\int_0^t(t-\tau)^{-\alpha}\frac{\partial u}{\partial\tau}(x,y,\tau)\mathrm{d}\tau,0\leqslant\alpha<1, \\ u_t(x,y,t),\alpha=1, \end{cases} \tag{5.1.3}$$

且 $\omega(\alpha)\geqslant 0,\int_0^1\omega(\alpha)\mathrm{d}\alpha=C_0>0$.

WSGD 近似公式是由 Tian 等[90] 提出的, 参考文献[90] 中研究的是Riemann-Liouville 型空间分数阶导数的 WSGD 近似公式. 由于WSGD 算子具有高阶逼近等突出优势, 因此得到了广泛的应用. 2014年, Wang 和 Vong[91] 讨论了基于 WSGD 算子的紧致差分方法, 求解了线性修正反常亚扩散方程. 2016 年, Liu 等在参考文献[93] 中构造了基于 WSGD 算子的有限元两层网格算法研究了时间分数阶 Cable 方程. 同

时，Liu 等[138] 发展了基于 WSGD 算子的 LDG 方法用于数值求解时间分数阶反应扩散方程. 2017年，Wang 等[108] 讨论了时间分数阶对流扩散问题的基于WSGD 算子的H^1-Galerkin 混合元方法.

本章的主要目的是运用两层网格 ADI 有限元方法数值求解时间分布阶偏微分方程，详细地证明格式的稳定性，并进行误差估计. 时间分布阶导数利用 WSGD 算子结合数值求积公式进行逼近，进一步形成非线性分布阶反应扩散方程的两层网格 ADI 有限元全离散格式. 最后，通过 Matlab 编程计算对算法进行数值验证，证明理论结果的正确性.

本章结构如下：5.2 节给出了该方程的两层网格 ADI 有限元数值近似格式；5.3 节详细分析了稳定性和全离散格式的收敛性；5.4 节给出了一些数值算例，验证了理论结果的正确性；5.5 节对本章中的方法进行总结评论.

5.2 两层网格ADI有限元格式

引理5.2.1[129] 对于$\hbar > 0$（$\hbar$ 表示细网格空间步长 h 或者粗网格空间步长$\widetilde{H}$），$r \geqslant 2$，定义 $V_\hbar^r \subset H_0^1(\Omega)$是有限维子空间且满足下列性质：

$$\begin{aligned}
&(1) V_\hbar^r \in Z \cap H_0^1(\Omega),\\
&(2) \left\|\frac{\partial^2 v}{\partial x \partial y}\right\| \leqslant C\hbar^{-2} \| v \|, v \in V_\hbar^r,\\
&(3) \inf_{v \in V_\hbar^r}\left[\sum_{m=0}^{2} \hbar^m \sum_{i,j=0,1,i+j=m}\left\|\frac{\partial^m (u-v)}{\partial x^i \partial y^j}\right\|\right] \leqslant C\hbar^s \|u\|_{H^s},\\
&u \in H^s(\Omega) \cap Z \cap H_0^1(\Omega), 2 \leqslant s \leqslant r,
\end{aligned} \tag{5.2.1}$$

其中

$$Z = \left\{u \left| u, \frac{\partial u}{\partial x}, \frac{\partial u}{\partial y}, \frac{\partial^2 u}{\partial x \partial y} \in L^2(\Omega)\right.\right\}.$$

假定 $s(\alpha) \in C^2[0,1]$，令 $s(\alpha) = \omega(\alpha)_0^C D_t^\alpha u$，根据引理2.5.1可得

$$\mathcal{D}_t^\omega u = \Delta\alpha \sum_{k=0}^{2K} c_k \,\omega(\alpha_k)_0^C D_t^{\alpha_k} u - R_1, \tag{5.2.2}$$

其中$R_1 = O(\Delta\alpha^2)$.

运用引理2.5.14和式（5.2.2），可将式（5.1.1）写为

$$
\begin{aligned}
&\delta_t u^{n+\frac{1}{2}} + \Delta\alpha \sum_{k=0}^{2K} c_k\, \omega(\alpha_k) \mathcal{D}_{\Delta t}^{\alpha_k, n+\frac{1}{2}} u - \Delta u^{n+\frac{1}{2}} + m\left(u^{n+\frac{1}{2}}\right) \\
&= f^{n+\frac{1}{2}} + \sum_{i=1}^{3} R_i,
\end{aligned} \tag{5.2.3}
$$

其中

$$
\begin{aligned}
&R_1^{n+\frac{1}{2}} = \mathcal{D}_t^{\omega} u^{n+\frac{1}{2}} - \Delta\alpha \sum_{k=0}^{2K} c_k\, \omega(\alpha_k) {}_0^C D_t^{\alpha_k} u^{n+\frac{1}{2}} = O(\Delta\alpha^2), n \geqslant 0, \\
&R_2^{n+\frac{1}{2}} = {}_0^C\, D_t^{\alpha} u\left(x, y, t_{n+\frac{1}{2}}\right) - \mathcal{D}_{\Delta t}^{\alpha, n+\frac{1}{2}} u = O(\Delta t^2), n \geqslant 0, \\
&R_3^{n+\frac{1}{2}} = \delta_t u^{n+\frac{1}{2}} - u_t^{n+\frac{1}{2}} = O(\Delta t^2), n \geqslant 0.
\end{aligned} \tag{5.2.4}
$$

则方程（5.2.3）可重新写为以下形式

$$
\begin{aligned}
&\left(\delta_t u^{n+1/2}, v\right) + \Delta\alpha \sum_{k=0}^{2K} c_k\, \omega(\alpha_k) \left(\mathcal{D}_{\Delta t}^{\alpha_k, n+\frac{1}{2}} u, v\right) \\
&+ \left(\nabla u^{n+\frac{1}{2}}, \nabla v\right) + \left(m\left(u^{n+\frac{1}{2}}\right), v\right) \\
&= \left(f^{n+\frac{1}{2}}, v\right) + \left(\sum_{i=1}^{3} R_i, v\right).
\end{aligned} \tag{5.2.5}
$$

引入 $u_h^{n+1} \in V_h^r$，则式（5.2.5）的有限元格式为

$$
\begin{aligned}
&\left(\delta_t u_h^{n+\frac{1}{2}}, v_h\right) + \Delta\alpha \sum_{k=0}^{2K} c_k\, \omega(\alpha_k) \left(\mathcal{D}_{\Delta t}^{\alpha_k, n+\frac{1}{2}} u_h, v_h\right) \\
&+ \left(\nabla u_h^{n+\frac{1}{2}}, \nabla v_h\right) + \left(m\left(u_h^{n+\frac{1}{2}}\right), v_h\right) \\
&= \left(f^{n+\frac{1}{2}}, v_h\right), \forall v_h \in V_h^r.
\end{aligned} \tag{5.2.6}
$$

为了加速计算，建立基于粗网格$\mathcal{T}_{\tilde{H}}$和细网格$\mathcal{T}_h$的两层网格 ADI 有限元格式．记为

$$
a^2 = \left(\frac{1}{2}\Delta t\right)^2, b = 1 + \frac{1}{2}\Delta t \Delta\alpha \sum_{k=0}^{2K} c_k\, \omega(\alpha_k) (\Delta t)^{-\alpha_k} q_{\alpha_k}(0),
$$

可得以下两层网格 ADI 有限元格式．

步骤 1：令 $U_{\tilde{H}}^{n+1}: [0, T] \mapsto V_{\tilde{H}}^r \subset V_h^r$是基于粗网格 $\mathcal{T}_{\tilde{H}}$ 的非线性方程的解，则

$$
\left(\delta_t U_{\tilde{H}}^{n+\frac{1}{2}}, v_{\tilde{H}}\right) + \Delta\alpha \sum_{k=0}^{2K} c_k\, \omega(\alpha_k) \left(\mathcal{D}_{\Delta t}^{\alpha_k, n+\frac{1}{2}} U_{\tilde{H}}, v_{\tilde{H}}\right) + \left(\nabla U_{\tilde{H}}^{n+\frac{1}{2}}, \nabla v_{\tilde{H}}\right)
$$

$$+\left(m\left(U_{\widetilde{H}}^{n+\frac{1}{2}}\right), v_{\widetilde{H}}\right)+\frac{a^2}{b}\left(\frac{\partial^2 \delta_t U_{\widetilde{H}}^{n+\frac{1}{2}}}{\partial x \partial y}, \frac{\partial^2 v_{\widetilde{H}}}{\partial x \partial y}\right) \tag{5.2.7}$$
$$=\left(f^{n+\frac{1}{2}}, v_{\widetilde{H}}\right), \forall v_{\widetilde{H}} \in V_{\widetilde{H}}^r.$$

步骤 2：令 $\mathrm{u}_h^{n+1}:[0,T] \mapsto V_h^r$是基于细网格$\mathcal{T}_h$ 的线性化方程的解，则有

$$\left(\delta_t \mathrm{u}_h^{n+\frac{1}{2}}, v_h\right)+\Delta\alpha \sum_{k=0}^{2K} c_k\, \omega(\alpha_k)\left(\mathcal{D}_{\Delta t}^{\alpha_k, n+\frac{1}{2}} \mathrm{u}_h, v_h\right)$$
$$+\left(\nabla \mathrm{u}_h^{n+\frac{1}{2}}, \nabla v_h\right)+\frac{a^2}{b}\left(\frac{\partial^2 \delta_t \mathrm{u}_h^{n+\frac{1}{2}}}{\partial x \partial y}, \frac{\partial^2 v_h}{\partial x \partial y}\right) \tag{5.2.8}$$
$$+\left(m\left(U_{\widetilde{H}}^{n+\frac{1}{2}}\right)+m'\left(U_{\widetilde{H}}^{n+\frac{1}{2}}\right)\left(\mathrm{u}_h^{n+\frac{1}{2}}-U_{\widetilde{H}}^{n+\frac{1}{2}}\right), v_h\right)$$
$$=\left(f^{n+\frac{1}{2}}, v_h\right), \forall v_h \in V_h^r,$$

其中 $h \ll \widetilde{H}$.

下面我们对基于粗网格 $\mathcal{T}_{\widetilde{H}}$ 的数值格式（5.2.7）进行探究，将该方程写为ADI有限元格式的矩阵形式. 设 $V_h^r=V_{h,x}^r \otimes V_{h,y}^r$，其中 $V_{h,x}^r$和 $V_{h,y}^r$是有限维空间 $H_0^1(\Omega)$ 的子空间.令 $\{\varphi_i\}_{i=1}^{N_x-1}$和 $\{\chi_p\}_{p=1}^{N_y-1}$分别为 $V_{h,x}^r$和 $V_{h,y}^r$ 的基. 因此，$\{\varphi_i\chi_p\}_{i=1,p=1}^{N_x-1,N_y-1}$ 是子空间V_h^r 的张量积的基.令

$$\begin{aligned} U_{\widetilde{H}}^n(x,y) &= \sum_{i=1}^{N_x-1}\sum_{p=1}^{N_y-1} \sigma_{ip}^{(n)}\, \varphi_i(x)\chi_p(y), \\ I^n(x,y) &= U_{\widetilde{H}}^n(x,y)-U_{\widetilde{H}}^{n-1}(x,y) \\ &= \sum_{i=1}^{N_x-1}\sum_{p=1}^{N_y-1} \beta_{ip}^{(n)}\, \varphi_i(x)\chi_p(y), \end{aligned} \tag{5.2.9}$$

其中

$$\beta_{ip}^{(n)}=\sigma_{ip}^{(n)}-\sigma_{ip}^{(n-1)}. \tag{5.2.10}$$

令 $v_{\widetilde{H}}=\varphi_l\chi_m, l=1,\cdots,N_x-1$；$m=1,\cdots,N_y-1$，则式（5.2.7）可写为

$$\sum_{i=1}^{N_x-1}\sum_{p=1}^{N_y-1} \beta_{ip}^{(n+1)}\{(\varphi_i\chi_p, \varphi_l\chi_m)$$

$$
\begin{aligned}
&+\frac{a}{b}\left[\left(\frac{\partial \varphi_i}{\partial x}\chi_p,\frac{\partial \varphi_l}{\partial x}\chi_m\right)+\left(\varphi_i\frac{\partial \chi_p}{\partial y},\varphi_l\frac{\partial \chi_m}{\partial y}\right)\right]\\
&+\frac{a^2}{b^2}\left(\frac{\partial \varphi_i}{\partial x}\frac{\partial \chi_p}{\partial y},\frac{\partial \varphi_l}{\partial x}\frac{\partial \chi_m}{\partial y}\right)\Bigg\}\\
&=F^{n+1},n=0,1,\cdots,N,
\end{aligned}
\tag{5.2.11}
$$

其中

$$
\begin{aligned}
F^{n+1}=\frac{1}{b}\Bigg\{&\Delta t\left(f^{n+\frac{1}{2}},\varphi_l\chi_m\right)-\Delta t\left(m\left(U_{\tilde{H}}^{n+\frac{1}{2}}\right),\varphi_l\chi_m\right)\\
&-\sum_{i=1}^{N_x-1}\sum_{p=1}^{N_y-1}\Delta t\Delta\alpha\sum_{k=0}^{2K}c_k\,\omega(\alpha_k)(\Delta t)^{-\alpha_k}q_{\alpha_k}(0)\sigma_{ip}^{(n)}(\varphi_i\chi_p,\varphi_l\chi_m)\\
&-\sum_{i=1}^{N_x-1}\sum_{p=1}^{N_y-1}\Delta t\Delta\alpha\sum_{k=0}^{2K}c_k\,\omega(\alpha_k)\sum_{j=1}^{n}(\Delta t)^{-\alpha_k}\,q_{\alpha_k}(j)\sigma_{ip}^{\left(n+\frac{1}{2}-j\right)}(\varphi_i\chi_p,\varphi_l\chi_m)\\
&-\sum_{i=1}^{N_x-1}\sum_{p=1}^{N_y-1}\Delta t\,\sigma_{ip}^{(n)}\left[\left(\frac{\partial \varphi_i}{\partial x}\chi_p,\frac{\partial \varphi_l}{\partial x}\chi_m\right)+\left(\varphi_i\frac{\partial \chi_p}{\partial y},\varphi_l\frac{\partial \chi_m}{\partial y}\right)\right]\Bigg\}.
\end{aligned}
\tag{5.2.12}
$$

我们定义

$$
\begin{aligned}
&A_x=\left(\left(\varphi_i,\varphi_p\right)_x\right)_{i,p}^{N_x-1},A_y=\left(\left(\chi_i,\chi_p\right)_y\right)_{i,p}^{N_y-1},\\
&B_x=\left(\left(\frac{\partial \varphi_i}{\partial x},\frac{\partial \varphi_p}{\partial x}\right)_x\right)_{i,p}^{N_x-1},B_y=\left(\left(\frac{\partial \chi_i}{\partial y},\frac{\partial \chi_p}{\partial y}\right)_y\right)_{i,p}^{N_y-1},\\
&\widehat{F^{(n+1)}}=[F^{n+1}(\varphi_1,\chi_1),F^{n+1}(\varphi_1,\chi_2),\cdots,F^{n+1}\left(\varphi_1,\chi_{N_y-1}\right),\\
&\qquad F^{n+1}(\varphi_2,\chi_1),\cdots,F^{n+1}\left(\varphi_{N_x-1},\chi_{N_y-1}\right)]^T,
\end{aligned}
$$

假设

$$
\begin{aligned}
&\sigma^{(j)}=\left[\sigma_{11}^{(j)},\sigma_{12}^{(j)},\cdots,\sigma_{1N_y-1}^{(j)},\sigma_{21}^{(j)},\cdots,\sigma_{N_x-1,N_y-1}^{(j)}\right]^T,\\
&\beta^{(j)}=\left[\beta_{11}^{(j)},\beta_{12}^{(j)},\cdots,\beta_{1N_y-1}^{(j)},\beta_{21}^{(j)},\cdots,\beta_{N_x-1,N_y-1}^{(j)}\right]^T.
\end{aligned}
$$

可得 ADI Galerkin 有限元格式（5.2.11）的矩阵形式为

$$
\begin{aligned}
&\left[\left(A_x+\frac{a}{b}B_x\right)\otimes I_{N_y-1}\right]\left[I_{N_x-1}\otimes\left(A_y+\frac{a}{b}B_y\right)\right]\beta^{(n+1)}\\
&=\widehat{F^{(n+1)}},
\end{aligned}
\tag{5.2.13}
$$

其中，$\otimes$ 表示矩阵张量积，I_{N_x-1}和 I_{N_y-1} 分别代表N_x-1阶和N_y-1阶单位矩阵.

通过引入辅助变量$\widehat{\beta^{(n+1)}}$，可得方程（5.2.13）的等价形式为

$$\begin{aligned}&\left[\left(A_x+\frac{a}{b}B_x\right)\otimes I_{N_y-1}\right]\widehat{\beta^{(n+1)}}=\widehat{F^{(n+1)}},\\&\left[I_{N_x-1}\otimes\left(A_y+\frac{a}{b}B_y\right)\right]\beta^{(n+1)}=\widehat{\beta^{(n+1)}}.\end{aligned}\tag{5.2.14}$$

因此，可以通过求解两个一维问题得到$\beta^{(n+1)}$的值．首先在x方向上，通过迭代计算求解以下方程组（5.2.15），进而求出 $\widehat{\beta_p^{(n+1)}}$的值

$$\left(A_x+\frac{a}{b}B_x\right)\widehat{\beta_p^{(n+1)}}=\widehat{F_p^{(n+1)}},p=1,2,\cdots,N_y-1,\tag{5.2.15}$$

其中

$$\begin{aligned}\widehat{\beta_p^{(n+1)}}&=\left[\widehat{\beta_{1p}^{(n+1)}},\widehat{\beta_{2p}^{(n+1)}},\cdots,\widehat{\beta_{N_x-1,p}^{(n+1)}}\right]^T,\\\widehat{F_p^{(n+1)}}&=\left[\widehat{F_{1p}^{(n+1)}},\widehat{F_{2p}^{(n+1)}},\cdots,\widehat{F_{N_x-1,p}^{(n+1)}}\right]^T.\end{aligned}$$

然后在y方向上，通过迭代计算求解以下方程组（5.2.16），进而求出 $\beta_i^{(n+1)}$

$$\left(A_y+\frac{a}{b}B_y\right)\beta_i^{(n+1)}=\widehat{\beta_\imath^{(n+1)}},i=1,2,\cdots,N_x-1,\tag{5.2.16}$$

其中

$$\begin{aligned}\beta_i^{(n+1)}&=\left[\beta_{i1}^{(n+1)},\beta_{i2}^{(n+1)},\cdots,\beta_{i,N_y-1}^{(n+1)}\right]^T,\\\widehat{\beta_\imath^{(n+1)}}&=\left[\widehat{\beta_{\imath1}^{(n+1)}},\widehat{\beta_{\imath2}^{(n+1)}},\cdots,\widehat{\beta_{\imath,N_y-1}^{(n+1)}}\right]^T.\end{aligned}$$

针对基于细网格 $\mathcal{T}_h$ 的数值格式（5.2.8），采取与上述过程类似的方法进行处理．

5.3 稳定性分析与误差估计

在本节中，讨论两层网格ADI有限元系统（5.2.7）~（5.2.8）的稳定性和误差估计．

定理5.3.1 对于基于粗网格 $\mathcal{T}_H$ 和细网格 $\mathcal{T}_h$ 的模型（5.2.7）~（5.2.8），可推出以下稳定性结论：

$$\|u_h^n\|^2\leqslant C\max_{0\leqslant i\leqslant n}\|f^i\|^2\tag{5.3.1}$$

证明：假设式（4.3.7）中 $v_h=2u_h^{n+\frac{1}{2}}$，则有

$$\frac{1}{\Delta t}\left(\|u_h^{n+1}\|^2-\|u_h^n\|^2\right)+2\Delta\alpha\sum_{k=0}^{2K}c_k\,\omega(\alpha_k)\left(\mathcal{D}_{\Delta t}^{\alpha_k,n+\frac{1}{2}}u_h,u_h^{n+\frac{1}{2}}\right)$$

$$
\begin{aligned}
&+2\left\|\nabla \mathrm{u}_h^{n+\frac{1}{2}}\right\|^2+\frac{a^2}{\Delta t b}\left(\left\|\frac{\partial^2}{\partial x \partial y} \mathrm{u}_h^{n+1}\right\|^2-\left\|\frac{\partial^2}{\partial x \partial y} \mathrm{u}_h^n\right\|^2\right) \\
&=-\left(m\left(U_{\widetilde{H}}^{n+\frac{1}{2}}\right)+m'\left(U_{\widetilde{H}}^{n+\frac{1}{2}}\right)\left(\mathrm{u}_h^{n+\frac{1}{2}}-U_{\widetilde{H}}^{n+\frac{1}{2}}\right), 2\mathrm{u}_h^{n+\frac{1}{2}}\right)+\left(f^{n+\frac{1}{2}}, 2\mathrm{u}_h^{n+\frac{1}{2}}\right).
\end{aligned} \tag{5.3.2}
$$

根据 Cauchy-Schwarz 不等式和 Young 不等式，可推出

$$
\begin{aligned}
&\frac{1}{\Delta t}\left(\left\|\mathrm{u}_h^{n+1}\right\|^2-\|\mathrm{u}_h^n\|^2\right)+2\Delta\alpha \sum_{k=0}^{2K} c_k\,\omega(\alpha_k)\left(\mathcal{D}_{\Delta t}^{\alpha_k, n+\frac{1}{2}} \mathrm{u}_h, \mathrm{u}_h^{n+\frac{1}{2}}\right) \\
&+2\left\|\nabla \mathrm{u}_h^{n+\frac{1}{2}}\right\|^2+\frac{a^2}{\Delta t b}\left(\left\|\frac{\partial^2}{\partial x \partial y} \mathrm{u}_h^{n+1}\right\|^2-\left\|\frac{\partial^2}{\partial x \partial y} \mathrm{u}_h^n\right\|^2\right) \\
&\leqslant C\left(\left\|\mathrm{u}_h^{n+\frac{1}{2}}\right\|^2+\left\|U_{\widetilde{H}}^{n+\frac{1}{2}}\right\|^2+\left\|f^{n+\frac{1}{2}}\right\|^2\right).
\end{aligned} \tag{5.3.3}
$$

在方程 (5.3.3) 两端同时乘以 Δt，并对n从 0 到N求和，有

$$
\begin{aligned}
&\left\|\mathrm{u}_h^{N+1}\right\|^2+2\Delta t\Delta\alpha \sum_{n=0}^{N}\sum_{k=0}^{2K} c_k\,\omega(\alpha_k)\left(\mathcal{D}_{\Delta t}^{\alpha_k, n+\frac{1}{2}} \mathrm{u}_h, \mathrm{u}_h^{n+\frac{1}{2}}\right) \\
&+2\Delta t\sum_{n=0}^{N}\left\|\nabla \mathrm{u}_h^{n+\frac{1}{2}}\right\|^2+\frac{a^2}{b}\left\|\frac{\partial^2}{\partial x \partial y} \mathrm{u}_h^{N+1}\right\|^2 \\
&\leqslant C\Delta t\sum_{n=0}^{N+1}\left(\|\mathrm{u}_h^n\|^2+\left\|U_{\widetilde{H}}^n\right\|^2+\|f^n\|^2\right)+\left\|\mathrm{u}_h^0\right\|^2+\frac{a^2}{b}\left\|\frac{\partial^2}{\partial x \partial y} \mathrm{u}_h^0\right\|^2.
\end{aligned} \tag{5.3.4}
$$

根据引理 2.5.16 和 Gronwall 引理，可以推出

$$
\left\|\mathrm{u}_h^{N+1}\right\|^2 \leqslant C\Delta t\sum_{n=0}^{N+1}\left(\left\|U_{\widetilde{H}}^n\right\|^2+\|f^n\|^2\right)+C\left(\left\|\mathrm{u}_h^0\right\|^2+\frac{a^2}{b}\left\|\frac{\partial^2}{\partial x \partial y} \mathrm{u}_h^0\right\|^2\right). \tag{5.3.5}
$$

下面分析$\left\|U_{\widetilde{H}}^n\right\|^2$项.

令式（5.2.7）中 $v_{\widetilde{H}}=2U_{\widetilde{H}}^{n+\frac{1}{2}}$，并运用与$\left\|\mathrm{u}_h^N\right\|^2$相似的计算过程，有

$$
\left\|U_{\widetilde{H}}^n\right\|^2 \leqslant C\left(\left\|U_{\widetilde{H}}^0\right\|^2+\frac{a^2}{b}\left\|\frac{\partial^2}{\partial x\, \partial y} U_{\widetilde{H}}^0\right\|^2+\max_{0\leqslant i\leqslant n}\left\|f^i\right\|^2\right). \tag{5.3.6}
$$

将式（5.3.6）代入式（5.3.5）中，并运用不等式 $\Delta t\sum_{n=0}^{N} \leqslant T$，可得

$$
\left\|\mathrm{u}_h^{N+1}\right\|^2 \leqslant C\max_{0\leqslant i\leqslant N+1}\left\|f^i\right\|^2. \tag{5.3.7}
$$

至此，我们完成了稳定性的证明.

为了得到全离散格式的误差估计，引入 Ritz 投影算子 $R_\hbar: H_0^1(\Omega) \to V_\hbar^r$ 满足

$$(\nabla(u - R_\hbar u), \nabla v_\hbar) = 0, \forall v_\hbar \in V_\hbar^r.$$

下面介绍投影算子 $R_\hbar$ 的一些性质.

引理 5.3.1[129] 设 $\frac{\partial^l u}{\partial t^l} \in L^p(H^r), l = 0,1,2, p = 2,\infty$，则存在与 $\hbar$ 无关的正常数 C，有

$$\left\|\frac{\partial^l (u - R_\hbar u)}{\partial t^l}\right\|_{L^p(H^k)} \leqslant C\hbar^{s-k}\left\|\frac{\partial^l u}{\partial t^l}\right\|_{L^p(H^s)}, \tag{5.3.8}$$

其中 $k = 0,1$, $1 \leqslant s \leqslant r$，$\hbar$ 表示粗网格步长 $\widetilde{H}$ 或细网格步长 h.

引理 5.3.2[128] 令 D 表示算子 $\dfrac{\partial}{\partial t}$ 或 $\dfrac{\partial^2}{\partial t^2}$，则根据不等式（5.2.1）和三角不等式，可得

$$\left\|\frac{\partial^2 (D(u - R_\hbar u)^n)}{\partial x \partial y}\right\| \leqslant C\hbar^{r-2}\|Du\|_{H^r} + C\hbar^{-2}\|D(u - R_\hbar u)^n\|. \tag{5.3.9}$$

为了简化记号，引入

$$u(t_n) - \mathrm{u}_h^n = (u(t_n) - R_h u^n) + (R_h u^n - \mathrm{u}_h^n) = \xi_u^n + \eta_u^n,$$
$$u(t_n) - U_{\widetilde{H}}^n = (u(t_n) - R_{\widetilde{H}} u^n) + \left(R_{\widetilde{H}} u^n - U_{\widetilde{H}}^n\right) = \lambda_u^n + \rho_u^n.$$

定理 5.3.2 假设 $u(t_n), U_{\widetilde{H}}$ 和 u_h 分别为方程（5.1.1）、（5.2.7）和（5.2.8）的解. 假定 $u(t_n) \in L_\infty(H^r), \frac{\partial u}{\partial t} \in L^2\left((0,T];H^r\right), \frac{\partial^3 u}{\partial x \partial y \partial t} \in L^2\left((0,T];L^2\right)$ 且 $r \geqslant 2$，则可以得出以下误差估计结果：

$$\begin{aligned} \|u(t_n) - \mathrm{u}_h^n\|^2 \leqslant C \Bigg(& h^{2r}\|u\|_{L^\infty(H^r)}^2 + h^{2r}\left\|\frac{\partial u}{\partial t}\right\|_{L^\infty(H^r)}^2 + h^{2r-4}\Delta t^2|\ln \Delta t|\left\|\frac{\partial u}{\partial t}\right\|_{L^2(H^r)}^2 \\ & + \Delta t^2|\ln \Delta t|\left\|\frac{\partial^3 u}{\partial x \partial y \partial t}\right\|_{L^2(L^2)}^2 + h^{2r} + \Delta t^4 + \Delta\alpha^4 \\ & + \widetilde{H}^{4r}\|u\|_{L^\infty(H^r)}^4 + \widetilde{H}^{4r}\left\|\frac{\partial u}{\partial t}\right\|_{L^\infty(H^r)}^4 + \widetilde{H}^{4r-8}\Delta t^4|\ln \Delta t|^2\left\|\frac{\partial u}{\partial t}\right\|_{L^2(H^r)}^4 \\ & + \Delta t^4|\ln \Delta t|^2\left\|\frac{\partial^3 u}{\partial x \partial y \partial t}\right\|_{L^2(L^2)}^4 + \widetilde{H}^{4r} \Bigg), \end{aligned} \tag{5.3.10}$$

其中，C 是细网格步长 h，粗网格步长 $\widetilde{H}$ 和时间步长 Δt 无关的正常数.

证明：用式（5.2.5）减式（5.2.8），得误差方程为

$$\begin{aligned}
&\left(\delta_t\eta_u^{n+\frac{1}{2}},v_h\right)+\Delta\alpha\sum_{k=0}^{2K}c_k\,\omega(\alpha_k)\left(\mathcal{D}_{\Delta t}^{\alpha_k,n+\frac{1}{2}}\eta_u,v_h\right)+\left(\nabla\eta_u^{n+\frac{1}{2}},\nabla v_h\right)\\
&+\frac{a^2}{b}\left(\frac{\partial^2\delta_t\eta_u^{n+\frac{1}{2}}}{\partial x\partial y},\frac{\partial^2 v_h}{\partial x\partial y}\right)\\
=&-\left(m\left(u^{n+\frac{1}{2}}\right)-m\left(U_{\widetilde{H}}^{n+\frac{1}{2}}\right)+m'\left(U_{\widetilde{H}}^{n+\frac{1}{2}}\right)\left(\xi_u^{n+\frac{1}{2}}+\eta_u^{n+\frac{1}{2}}-u^{n+\frac{1}{2}}+U_{\widetilde{H}}^{n+\frac{1}{2}}\right),v_h\right)\\
&-\left(\delta_t\xi_u^{n+\frac{1}{2}},v_h\right)-\Delta\alpha\sum_{k=0}^{2K}c_k\,\omega(\alpha_k)\left(\mathcal{D}_{\Delta t}^{\alpha_k,n+\frac{1}{2}}\xi_u,v_h\right)-\left(\nabla\xi_u^{n+\frac{1}{2}},\nabla v_h\right)\\
&+\frac{a^2}{b}\left(\frac{\partial^2\delta_t u^{n+\frac{1}{2}}}{\partial x\partial y},\frac{\partial^2 v_h}{\partial x\partial y}\right)-\frac{a^2}{b}\left(\frac{\partial^2\delta_t\xi_u^{n+\frac{1}{2}}}{\partial x\partial y},\frac{\partial^2 v_h}{\partial x\partial y}\right)+\sum_{i=1}^{3}(R_i,v_h),\ \forall v_h\in V_h^r.
\end{aligned}\tag{5.3.11}$$

令式（5.3.11）中 $v_h=2\eta_u^{n+\frac{1}{2}}$，对该方程中的 n 从0到 N 求和，并在方程两端同乘以 Δt，有

$$\begin{aligned}
&\|\eta_u^{N+1}\|^2+2\Delta t\sum_{n=0}^{N}\Delta\alpha\sum_{k=0}^{2K}c_k\,\omega(\alpha_k)\left(\mathcal{D}_{\Delta t}^{\alpha_k,n+\frac{1}{2}}\eta_u,\eta_u^{n+\frac{1}{2}}\right)\\
&+2\Delta t\sum_{n=0}^{N}\left\|\nabla\eta_u^{n+\frac{1}{2}}\right\|^2+\frac{a^2}{b}\left\|\frac{\partial^2\eta_u^{N+1}}{\partial x\partial y}\right\|^2\\
=&-\Delta t\sum_{n=0}^{N}\left(m\left(u^{n+\frac{1}{2}}\right)-m\left(U_{\widetilde{H}}^{n+\frac{1}{2}}\right)+m'\left(U_{\widetilde{H}}^{n+\frac{1}{2}}\right)\left(\xi_u^{n+\frac{1}{2}}+\eta_u^{n+\frac{1}{2}}-u^{n+\frac{1}{2}}+U_{\widetilde{H}}^{n+\frac{1}{2}}\right),2\eta_u^{n+\frac{1}{2}}\right)\\
&-\Delta t\sum_{n=0}^{N}\left(\delta_t\xi_u^{n+\frac{1}{2}},2\eta_u^{n+\frac{1}{2}}\right)-\Delta t\sum_{n=0}^{N}\Delta\alpha\sum_{k=0}^{2K}c_k\,\omega(\alpha_k)\left(\mathcal{D}_{\Delta t}^{\alpha_k,n+\frac{1}{2}}\xi_u,2\eta_u^{n+\frac{1}{2}}\right)\\
&+\Delta t\sum_{n=0}^{N}\frac{a^2}{b}\left(\frac{\partial^2\delta_t u^{n+\frac{1}{2}}}{\partial x\partial y},\frac{\partial^2 2\eta_u^{n+\frac{1}{2}}}{\partial x\partial y}\right)-\Delta t\sum_{n=0}^{N}\frac{a^2}{b}\left(\frac{\partial^2\delta_t\xi_u^{n+\frac{1}{2}}}{\partial x\partial y},\frac{\partial^2 2\eta_u^{n+\frac{1}{2}}}{\partial x\partial y}\right)\\
&+\Delta t\sum_{n=0}^{N}\sum_{i=1}^{3}\left(R_i,2\eta_u^{n+\frac{1}{2}}\right)+\|\eta_u^0\|^2+\frac{a^2}{b}\left\|\frac{\partial^2\eta_u^0}{\partial x\partial y}\right\|^2\\
=&E_1+E_2+E_3+E_4+E_5+E_6+E_7+E_8.
\end{aligned}\tag{5.3.12}$$

下面对 $E_i,i=1,2,\cdots,8$ 分别进行估计. 首先根据引理5.3.1有

$$\left\|\xi_u^{n+\frac{1}{2}}\right\|^2\leqslant\|\xi_u\|_{L^\infty(L^2)}^2\leqslant Ch^{2r}\|u\|_{L^\infty(H^r)}^2,\tag{5.3.13}$$

因此可得

$$
\begin{aligned}
E_1 &= -\Delta t \sum_{n=0}^{N}\left(m\left(u^{n+\frac{1}{2}}\right)-m\left(U_{\tilde{H}}^{n+\frac{1}{2}}\right)+m'\left(U_{\tilde{H}}^{n+\frac{1}{2}}\right)\left(\xi_u^{n+1}+\eta_u^{n+\frac{1}{2}}-u^{n+\frac{1}{2}}+U_{\tilde{H}}^{n+\frac{1}{2}}\right),2\eta_u^{n+\frac{1}{2}}\right)\\
&\leqslant C\Delta t\sum_{n=0}^{N}\left(h^{2r}\|u\|_{L^\infty(H^r)}^2+\left\|\eta_u^{n+\frac{1}{2}}\right\|^2\right) \qquad (5.3.14)\\
&\quad +C\Delta t\sum_{n=0}^{N}\left\|\left(u^{n+\frac{1}{2}}-U_{\tilde{H}}^{n+\frac{1}{2}}\right)^2\right\|^2+C\Delta t\sum_{n=0}^{N}\left\|\eta_u^{n+\frac{1}{2}}\right\|^2,
\end{aligned}
$$

根据 Cauchy-Schwarz 不等式和 Young 不等式以及引理 5.3.1，可以得到

$$
\begin{aligned}
E_2 &= -\Delta t\sum_{n=0}^{N}\left(\delta_t\xi_u^{n+\frac{1}{2}},2\eta_u^{n+\frac{1}{2}}\right)\\
&\leqslant C\Delta t\sum_{n=0}^{N}\frac{1}{\Delta t}\int_{t_n}^{t_{n+1}}\|\xi_{ut}\|^2\,\mathrm{d}s+C\Delta t\sum_{n=0}^{N}\left\|\eta_u^{n+\frac{1}{2}}\right\|^2 \qquad (5.3.15)\\
&\leqslant Ch^{2r}\left\|\frac{\partial u}{\partial t}\right\|_{L^\infty(H^r)}^2+C\Delta t\sum_{n=0}^{N}\left\|\eta_u^{n+\frac{1}{2}}\right\|^2.
\end{aligned}
$$

根据 Cauchy-Schwarz 不等式和 Young 不等式及引理 5.3.1，可推出

$$
\begin{aligned}
E_3 &= -\Delta t\sum_{n=0}^{N}\Delta\alpha\sum_{k=0}^{2K}c_k\,\omega(\alpha_k)\left(\mathcal{D}_{\Delta t}^{\alpha_k,n+\frac{1}{2}}\xi_u,2\eta_u^{n+\frac{1}{2}}\right)\\
&\leqslant \Delta t\sum_{n=0}^{N}\Delta\alpha\sum_{k=0}^{2K}c_k\,\omega(\alpha_k)\left\|\mathcal{D}_{\Delta t}^{\alpha_k,n+\frac{1}{2}}\xi_u\right\|\left\|2\eta_u^{n+\frac{1}{2}}\right\|\\
&\leqslant C\Delta t\sum_{n=0}^{N}\Delta\alpha\sum_{k=0}^{2K}c_k\,\omega(\alpha_k)\left(\left\|R_2^{n+\frac{1}{2}}\right\|^2+\left\|2\eta_u^{n+\frac{1}{2}}\right\|^2\right) \qquad (5.3.16)\\
&\quad +Ch^{2r}\Delta\alpha\sum_{k=0}^{2K}c_k\,\omega(\alpha_k)\left\|{}_0^CD_t^{\alpha_k}u\right\|_{L^\infty(H^r)}^2.
\end{aligned}
$$

下面估计 E_4，应用 Hölder 不等式和 Young 不等式，有

$$
\begin{aligned}
E_4 &= -\Delta t\sum_{n=0}^{N}\frac{a^2}{b}\left(\frac{\partial^2\delta_t\xi_u^{n+\frac{1}{2}}}{\partial x\partial y},\frac{\partial^2 2\eta_u^{n+\frac{1}{2}}}{\partial x\partial y}\right)\\
&\leqslant C\frac{a^2}{b}\int_0^T\left\|\frac{\partial^3\xi_u(s)}{\partial x\partial y\partial t}\right\|^2\mathrm{d}s+C\Delta t\sum_{n=0}^{N}\frac{a^2}{b}\left\|\frac{\partial^2\eta_u^{n+\frac{1}{2}}}{\partial x\partial y}\right\|^2. \qquad (5.3.17)
\end{aligned}
$$

根据引理 5.3.1 和引理 5.3.2，可得

$$\int_0^T \left\|\frac{\partial^3 \xi_u(s)}{\partial x \partial y \partial t}\right\|^2 \mathrm{d}s \leqslant C h^{2r-4}\left\|\frac{\partial u}{\partial t}\right\|_{L^2(H^r)}^2,$$

因此，可以得到

$$E_4 \leqslant C h^{2r-4} \frac{a^2}{b}\left\|\frac{\partial u}{\partial t}\right\|_{L^2(H^r)}^2 + C\Delta t \sum_{n=0}^{N} \frac{a^2}{b}\left\|\frac{\partial^2 \eta_u^{n+\frac{1}{2}}}{\partial x \partial y}\right\|^2. \tag{5.3.18}$$

类似地，可推出

$$\begin{aligned} E_5 &= \Delta t \sum_{n=0}^{N} \frac{a^2}{b}\left(\frac{\partial^2 \delta_t u^{n+\frac{1}{2}}}{\partial x \partial y}, \frac{\partial^2 2\eta_u^{n+\frac{1}{2}}}{\partial x \partial y}\right) \\ &\leqslant C \frac{a^2}{b}\left\|\frac{\partial^3 u}{\partial x \partial y \partial t}\right\|_{L^2(L^2)}^2 + C\Delta t \sum_{n=0}^{N} \frac{a^2}{b}\left\|\frac{\partial^2 \eta_u^{n+\frac{1}{2}}}{\partial x \partial y}\right\|^2. \end{aligned} \tag{5.3.19}$$

同时，有

$$E_6 = \Delta t \sum_{n=0}^{N} \sum_{i=1}^{3}\left(R_i, 2\eta_u^{n+\frac{1}{2}}\right) \leqslant C\Delta t \sum_{n=0}^{N}\left(\Delta t^4 + \Delta\alpha^4 + \|\eta_u^{n+1}\|^2 + \|\eta_u^n\|^2\right). \tag{5.3.20}$$

将式（5.3.14）～（5.3.20）代入式（5.3.12）中，并使用Gronwall引理，可得

$$\begin{aligned} &\|\eta_u^{N+1}\|^2 + 2\Delta t \sum_{n=0}^{N} \Delta\alpha \sum_{k=0}^{2K} c_k\, \omega(\alpha_k)\left(\mathcal{D}_{\Delta t}^{\alpha_k, n+\frac{1}{2}} \eta_u, \eta_u^{n+\frac{1}{2}}\right) \\ &+ 2\Delta t \sum_{n=0}^{N}\left\|\nabla \eta_u^{n+\frac{1}{2}}\right\|^2 + \frac{a^2}{b}\left\|\frac{\partial^2 \eta_u^{N+1}}{\partial x \partial y}\right\|^2 \\ &\leqslant C T h^{2r}\|u\|_{L^\infty(H^r)}^2 + C h^{2r}\left\|\frac{\partial u}{\partial t}\right\|_{L^\infty(H^r)}^2 + C h^{2r-4}\frac{a^2}{b}\left\|\frac{\partial u}{\partial t}\right\|_{L^2(H^r)}^2 \\ &+ C\frac{a^2}{b}\left\|\frac{\partial^3 u}{\partial x \partial y \partial t}\right\|_{L^2(L^2)}^2 + C h^{2r} \max_{0 \leqslant k \leqslant 2K}\left\|{}_0^C D_t^{\alpha_k} u\right\|_{L^\infty(H^r)}^2 \\ &+ C T(\Delta t^4 + \Delta\alpha^4) + C T\left\|\left(u^{n+\frac{1}{2}} - U_{\tilde{H}}^{n+\frac{1}{2}}\right)^2\right\|^2 + \|\eta_u^0\|^2 + \frac{a^2}{b}\left\|\frac{\partial^2 \eta_u^0}{\partial x \partial y}\right\|^2. \end{aligned} \tag{5.3.21}$$

下面估计$\left\|u^{n+\frac{1}{2}} - U_{\tilde{H}}^{n+\frac{1}{2}}\right\|$项.

$\forall v_{\tilde{H}} \in V_{\tilde{H}}^r$用式（5.2.5）减去式（5.2.7），有

$$
\begin{aligned}
&\left(\delta_t\rho_u^{n+\frac{1}{2}}, v_{\widetilde{H}}\right)+\Delta\alpha\sum_{k=0}^{2K}c_k\,\omega(\alpha_k)\left(\mathcal{D}_{\Delta t}^{\alpha_k,n+\frac{1}{2}}\rho_u, v_{\widetilde{H}}\right)+\left(\nabla\rho_u^{n+\frac{1}{2}},\nabla v_{\widetilde{H}}\right)\\
&\quad+\frac{a^2}{b}\left(\frac{\partial^2\delta_t\rho_u^{n+\frac{1}{2}}}{\partial x\partial y},\frac{\partial^2 v_{\widetilde{H}}}{\partial x\partial y}\right)\\
&=-\left(m\left(u^{n+\frac{1}{2}}\right)-m\left(U_{\widetilde{H}}^{n+\frac{1}{2}}\right), v_{\widetilde{H}}\right)-\left(\delta_t\lambda_u^{n+\frac{1}{2}}, v_{\widetilde{H}}\right)\\
&\quad-\Delta\alpha\sum_{k=0}^{2K}c_k\,\omega(\alpha_k)\left(\mathcal{D}_{\Delta t}^{\alpha_k,n+\frac{1}{2}}\lambda_u, v_{\widetilde{H}}\right)-\left(\nabla\lambda_u^{n+\frac{1}{2}},\nabla v_{\widetilde{H}}\right)\\
&\quad+\frac{a^2}{b}\left(\frac{\partial^2\delta_t u^{n+\frac{1}{2}}}{\partial x\partial y},\frac{\partial^2 v_{\widetilde{H}}}{\partial x\partial y}\right)-\frac{a^2}{b}\left(\frac{\partial^2\delta_t\lambda_u^{n+\frac{1}{2}}}{\partial x\partial y},\frac{\partial^2 v_{\widetilde{H}}}{\partial x\partial y}\right)+\sum_{i=1}^{3}(R_i, v_{\widetilde{H}}),
\end{aligned}
\tag{5.3.22}
$$

令式（5.3.22）中 $v_{\widetilde{H}}=2\rho_u^{n+\frac{1}{2}}$，并采用与计算 $\|u(t_n)-u_h^n\|$ 相似的过程，可以推出

$$
\begin{aligned}
&\left\|u(t_n)-U_{\widetilde{H}}^n\right\|^2\\
&\leqslant CT\widetilde{H}^{2r}\|u\|_{L^\infty(H^r)}^2+C\widetilde{H}^{2r}\left\|\frac{\partial u}{\partial t}\right\|_{L^\infty(H^r)}^2+C\widetilde{H}^{2r-4}\frac{a^2}{b}\left\|\frac{\partial u}{\partial t}\right\|_{L^2(H^r)}^2\\
&\quad+C\frac{a^2}{b}\left\|\frac{\partial^3 u}{\partial x\partial y\partial t}\right\|_{L^2(L^2)}^2+C\widetilde{H}^{2r}\max_{0\leqslant k\leqslant 2K}\left\|{}_0^C D_t^{\alpha_k}u\right\|_{L^\infty(H^r)}^2\\
&\quad+CT(\Delta t^4+\Delta\alpha^4)+\|\rho_u^0\|^2+\frac{a^2}{b}\left\|\frac{\partial^2\rho_u^0}{\partial x\partial y}\right\|^2.
\end{aligned}
\tag{5.3.23}
$$

采取与参考文献 [113] 相似的计算过程，有

$$
\begin{aligned}
\frac{a^2}{b}&=\frac{\left(\frac{1}{2}\Delta t\right)^2}{1+\frac{1}{2}\Delta t\Delta\alpha\sum_{k=0}^{2K}c_k\,\omega(\alpha_k)(\Delta t)^{-\alpha_k}q_{\alpha_k}(0)}\\
&\leqslant\frac{\left(\frac{1}{2}\Delta t\right)^2}{\frac{1}{2}\Delta\alpha\sum_{k=0}^{2K}c_k\,\omega(\alpha_k)(\Delta t)^{1-\alpha_k}\left(1+\frac{\alpha_k}{2}\right)}\\
&=O(\Delta t^2|\ln\Delta t|).
\end{aligned}
\tag{5.3.24}
$$

将式（5.3.23）和式（5.3.24）代入式（5.3.21）中，可推出

$$
\begin{aligned}
\|\eta^{N+1}\|^2\leqslant C\Bigg(&h^{2r}\|u\|_{L^\infty(H^r)}^2+h^{2r}\left\|\frac{\partial u}{\partial t}\right\|_{L^\infty(H^r)}^2+h^{2r-4}\Delta t^2|\ln\Delta t|\left\|\frac{\partial u}{\partial t}\right\|_{L^2(H^r)}^2\\
&+\Delta t^2|\ln\Delta t|\left\|\frac{\partial^3 u}{\partial x\partial y\partial t}\right\|_{L^2(L^2)}^2+h^{2r}+\Delta t^4+\Delta\alpha^4
\end{aligned}
$$

$$+\widetilde{H}^{4r}\|u\|_{L^\infty(H^r)}^4+\widetilde{H}^{4r}\left\|\frac{\partial u}{\partial t}\right\|_{L^\infty(H^r)}^4+\widetilde{H}^{4r-8}\Delta t^4|\ln\Delta t|^2\left\|\frac{\partial u}{\partial t}\right\|_{L^2(H^r)}^4$$
$$+\Delta t^4|\ln\Delta t|^2\left\|\frac{\partial^3 u}{\partial x\partial y\partial t}\right\|_{L^2(L^2)}^4+\widetilde{H}^{4r}\Bigg).\tag{5.3.25}$$

应用三角不等式，完成定理 5.3.2 的证明.

5.4 数值算例

本节，通过数值算例来验证利用两层网格 ADI 有限元方法求解非线性时间分布阶偏微分方程 (5.1.1) 的理论分析结果.

例 5.4.1 在二维空间 $[0,1]^2\times\left[0,\frac{1}{2}\right]$ 上分别取 $\omega(\alpha)=\Gamma(4-\alpha)$，非线性项 $m(u)=\sin(u)$，源项

$$f(x,t)=\left(3t^2+\frac{6(t^3-t^2)}{\ln(t)}+2\pi^2t^3\right)\sin\pi x\sin\pi y+\sin(t^3\sin\pi x\sin\pi y),\tag{5.4.1}$$

则相应的精确解为

$$u=t^3\sin\pi x\sin\pi y.\tag{5.4.2}$$

在表 5.1 中，取粗网格步长 $\widetilde{H}_x=\widetilde{H}_y=\frac{1}{2},\frac{1}{3},\frac{1}{4},\frac{1}{5},\frac{1}{6}$，细网格步长 $h_x=h_y=\frac{1}{4},\frac{1}{9},\frac{1}{16},\frac{1}{25},\frac{1}{36}$，且 $\Delta\alpha=\frac{1}{500}$，$\Delta t=\frac{1}{200}$时，给出了$u$的误差估计结果，空间收敛阶和计算时间. 从表中可以看到空间收敛阶达到了二阶，这与理论分析结果一致. 在表 5.2 中，给出了当 $\Delta\alpha=\Delta t=h_x=h_y=\widetilde{H}_x^2=\widetilde{H}_y^2=\frac{1}{4},\frac{1}{16},\frac{1}{36},\frac{1}{64}$ 和$\frac{1}{100}$时，根据数据结果可以分析得到该数值方法在求解非线性时间分布阶反应扩散方程中是行之有效的.

表5.1 当$\Delta\alpha=\frac{1}{500},\Delta t=\frac{1}{200},h_x=h_y=\widetilde{H}_x^2=\widetilde{H}_y^2$时，空间方向的误差和收敛阶

$\widetilde{H_x}=\widetilde{H_y}$	$h_x=h_y$	$\lVert u-u_h\rVert$	收敛阶	CPU –时间（秒）
$\frac{1}{2}$	$\frac{1}{4}$	4.8437E – 03	–	1.75593
$\frac{1}{3}$	$\frac{1}{9}$	9.2451E – 04	2.0423	7.80718
$\frac{1}{4}$	$\frac{1}{16}$	2.8519E – 04	2.0441	29.76742
$\frac{1}{5}$	$\frac{1}{25}$	1.1151E – 04	2.1042	89.93792
$\frac{1}{6}$	$\frac{1}{36}$	4.9230E – 05	2.2422	251.21207

表5.2 当$\Delta\alpha=\Delta t=h_x=h_y=\widetilde{H}_x^2=\widetilde{H}_y^2$时，时空收敛阶和误差估计

$\widetilde{H_x}=\widetilde{H_y}$	$h_x=h_y$	$\lVert u-u_h\rVert$	收敛阶	CPU –时间（秒）
$\frac{1}{2}$	$\frac{1}{4}$	1.2439E – 02	–	0.35575
$\frac{1}{4}$	$\frac{1}{16}$	9.1725E – 04	1.8807	0.58824
$\frac{1}{6}$	$\frac{1}{36}$	1.9373E – 04	1.9174	10.28687
$\frac{1}{8}$	$\frac{1}{64}$	6.3576E – 05	1.9366	220.41170
$\frac{1}{10}$	$\frac{1}{100}$	2.6660E – 05	1.9474	3837.59049

接下来，在图5.1中，给出了当$t=0.5,h_x=h_y=\frac{1}{200}$时，精确解$u$的表面图，同时在图5.2～图5.7中给出了当$\Delta\alpha=\frac{1}{500},\Delta t=\frac{1}{200},h_x=h_y=\widetilde{H}_x^2=\widetilde{H}_y^2=\frac{1}{4},\frac{1}{9},\frac{1}{16},\frac{1}{25},\frac{1}{36}$和$\frac{1}{49}$时，在$t=0.5$处的数值解$u_h$的表面图. 从图像中可以直观地看到剖分越细，数值解的图像越接近精确解的图像. 最后，为了展示不同网格剖分情况下数值解与精确解之间的误差行为表现，在图5.8～图5.13中，给出了当$\Delta\alpha=\frac{1}{500},\Delta t=\frac{1}{200}$，$h_x=h_y=\widetilde{H}_x^2=\widetilde{H}_y^2=\frac{1}{4},\frac{1}{9},\frac{1}{16},\frac{1}{25},\frac{1}{36}$和$\frac{1}{49}$时，在$t=0.5$处的误差$u-u_h$的图像. 根据图像可以看出，两层网格ADI有限元算法可以有效地数值求解非线性时间分布阶反应扩散方程.

例5.4.2 在二维空间 $[0,1]^2\times\left[0,\frac{1}{2}\right]$ 上分别取 $\omega(\alpha)=\Gamma(4-\alpha)$，非线性项 $m(u)=\sin(u)$，源项

$$\begin{aligned} f(x,y,t)=&\left(3t^2+\frac{6(t^3-t^2)}{\ln(t)}\right)x(1-x)y(1-y)+2t^3\big(y(1-y)+x(1-x)\big)\\ &+\sin\big(t^3x(1-x)y(1-y)\big), \end{aligned} \tag{5.4.3}$$

则相应的精确解为

$$u=t^3x(1-x)y(1-y). \tag{5.4.4}$$

在表5.3中，分别取粗网格 $\widetilde{H}_x=\widetilde{H}_y=\frac{1}{2},\frac{1}{3},\frac{1}{4},\frac{1}{5},\frac{1}{6}$ 和细网格 $h_x=h_y=\frac{1}{4},\frac{1}{9},\frac{1}{16},\frac{1}{25},\frac{1}{36}$，且取时间参数 $\Delta t=\frac{1}{300}$，$\Delta\alpha=\frac{1}{600}$，给出了 u 的误差估计结果，空间收敛阶和计算时间．通过表中的数据可以明显看出空间收敛阶为二阶，这与理论分析结果一致．进一步验证了理论结果的正确性和数值格式的可行性．

表 5.3　当 $\Delta\alpha=\frac{1}{600},\Delta t=\frac{1}{300},h_x=h_y=\widetilde{H}_x^2=\widetilde{H}_y^2$ 时，空间方向的误差和收敛阶

$\widetilde{H_x}=\widetilde{H_y}$	$h_x=h_y$	$\Vert u-u_h\Vert$	收敛阶	CPU −时间（秒）
$\frac{1}{2}$	$\frac{1}{4}$	3.3118E − 04	−	3.96613
$\frac{1}{3}$	$\frac{1}{9}$	6.2535E − 05	2.0556	18.03129
$\frac{1}{4}$	$\frac{1}{16}$	1.9453E − 05	2.0296	67.08462
$\frac{1}{5}$	$\frac{1}{25}$	7.7950E − 06	2.0491	208.31701
$\frac{1}{6}$	$\frac{1}{36}$	3.6200E − 06	2.1035	580.99213

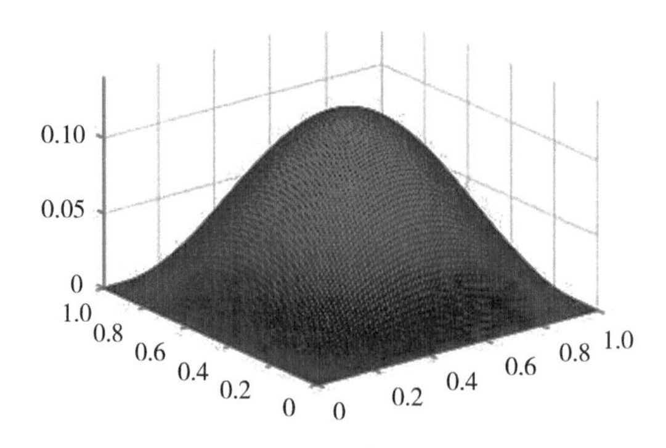

图 5.1　当 $t=0.5,h_x=h_y=\frac{1}{200}$ 时，精确解 u 的表面图

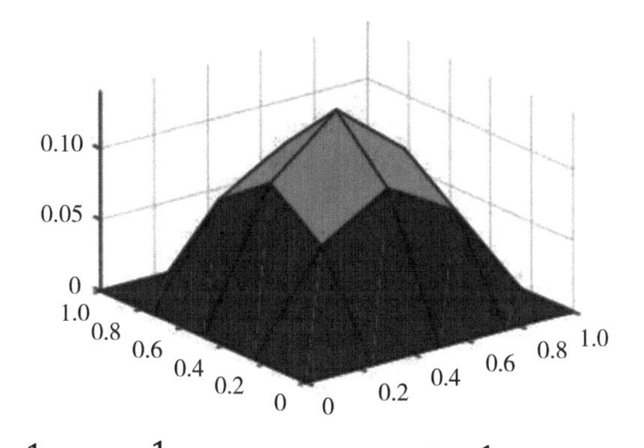

图 5.2 当 $\Delta\alpha=\frac{1}{500}, \Delta t=\frac{1}{200}, h_x=h_y=\widetilde{H}_x^2=H_y^2=\frac{1}{4}$ 时，在 t=0.5 处的数值解 u_h

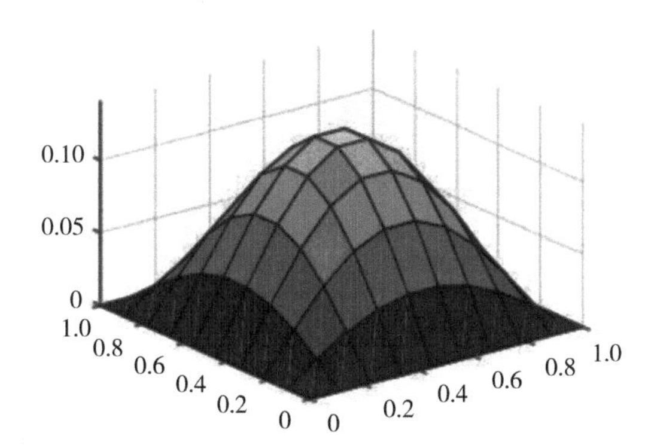

图 5.3 当 $\Delta\alpha=\frac{1}{500}, \Delta t=\frac{1}{200}, h_x=h_y=\widetilde{H}_x^2=H_y^2=\frac{1}{9}$ 时，在 t=0.5 处的数值解 u_h

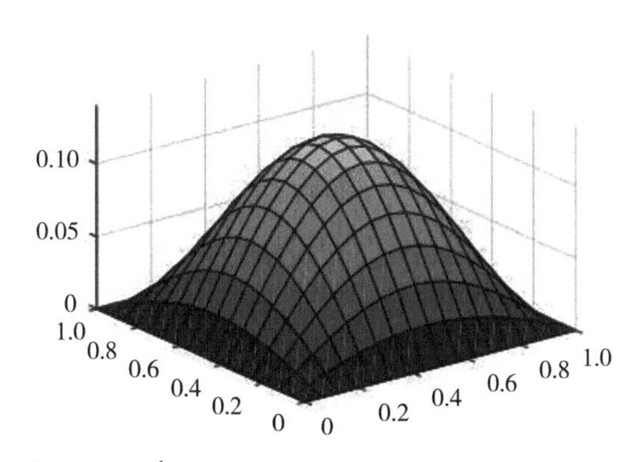

图 5.4 当 $\Delta\alpha=\frac{1}{500}, \Delta t=\frac{1}{200}, h_x=h_y=\widetilde{H}_x^2=H_y^2=\frac{1}{16}$ 时，在 t=0.5 处的数值解 u_h

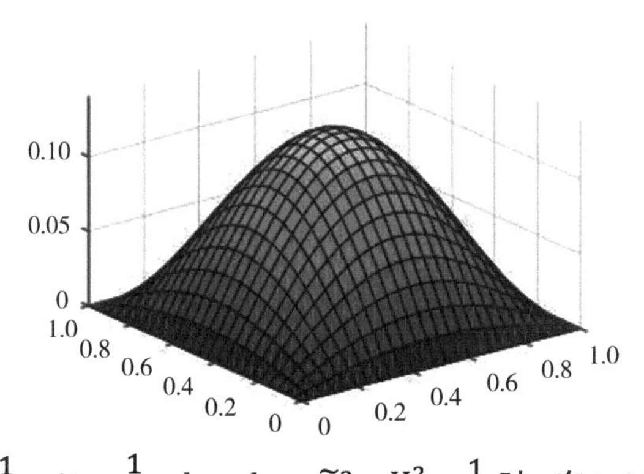

图 5.5　当 $\Delta\alpha=\dfrac{1}{500}, \Delta t=\dfrac{1}{200}, h_x=h_y=\widetilde{H}_x^2=H_y^2=\dfrac{1}{25}$ 时，在 $t=0.5$ 处的数值解 u_h

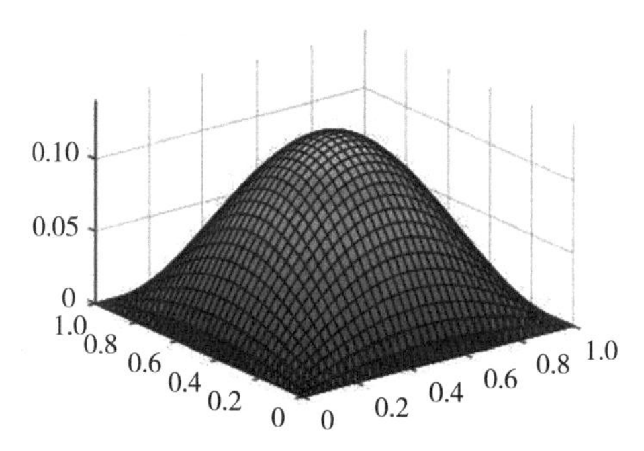

图 5.6　当 $\Delta\alpha=\dfrac{1}{500}, \Delta t=\dfrac{1}{200}, h_x=h_y=\widetilde{H}_x^2=H_y^2=\dfrac{1}{36}$ 时，在 $t=0.5$ 处的数值解 u_h

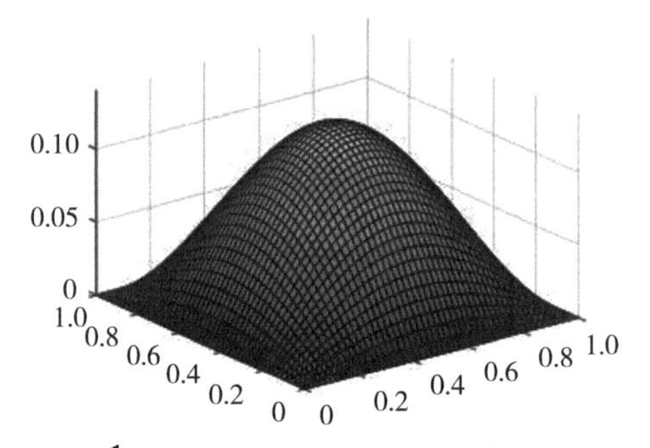

图 5.7　当 $\Delta\alpha=\dfrac{1}{500}, \Delta t=\dfrac{1}{200}, h_x=h_y=\widetilde{H}_x^2=H_y^2=\dfrac{1}{49}$ 时，在 $t=0.5$ 处的数值解 u_h

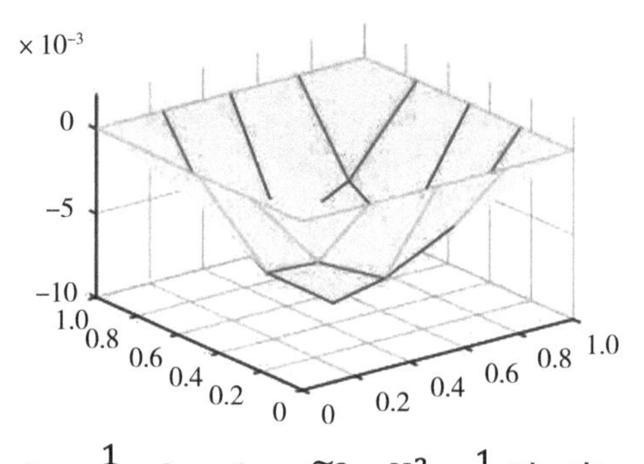

图 5.8　当 $\Delta\alpha=\dfrac{1}{500}, \Delta t=\dfrac{1}{200}, h_x=h_y=\widetilde{H}_x^2=H_y^2=\dfrac{1}{4}$ 时，在 $t=0.5$ 处的误差 $u-u_h$

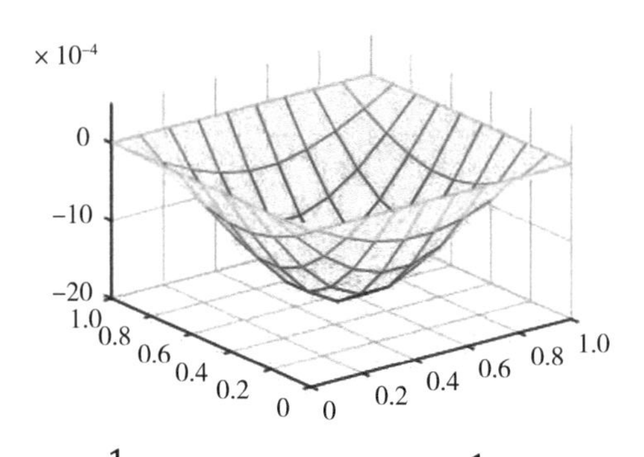

图 5.9 当 $\Delta\alpha=\dfrac{1}{500}, \Delta t=\dfrac{1}{200}, h_x=h_y=\widetilde{H}_x^2=H_y^2=\dfrac{1}{9}$ 时，在 t=0.5 处的误差 $u-u_h$

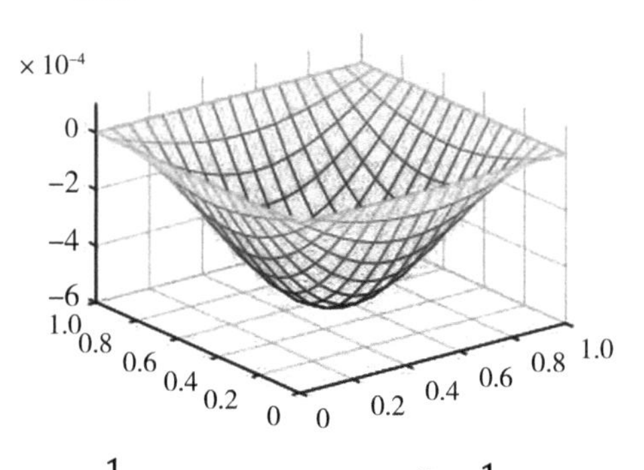

图 5.10 当 $\Delta\alpha=\dfrac{1}{500}, \Delta t=\dfrac{1}{200}, h_x=h_y=\widetilde{H}_x^2=H_y^2=\dfrac{1}{16}$ 时，在 t=0.5 处的误差 $u-u_h$

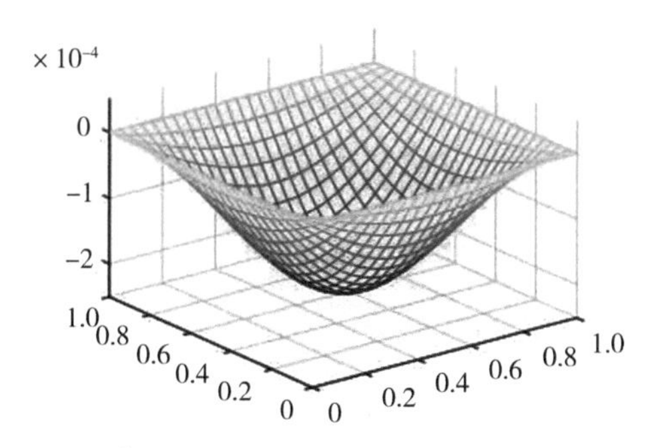

图 5.11 当 $\Delta\alpha=\dfrac{1}{500}, \Delta t=\dfrac{1}{200}, h_x=h_y=\widetilde{H}_x^2=H_y^2=\dfrac{1}{25}$ 时，在 t=0.5 处的误差 $u-u_h$

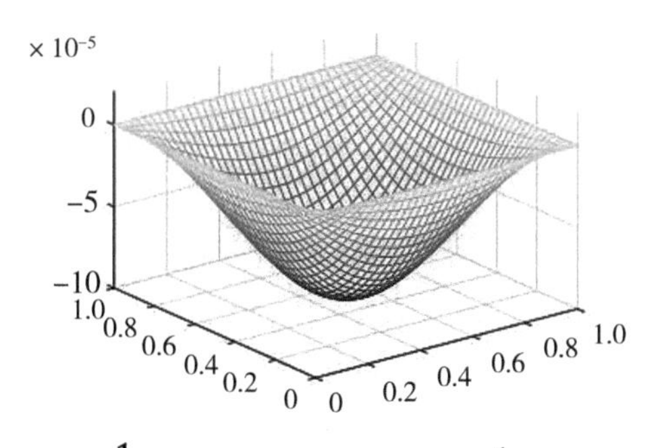

图 5.12 当 $\Delta\alpha=\dfrac{1}{500}, \Delta t=\dfrac{1}{200}, h_x=h_y=\widetilde{H}_x^2=H_y^2=\dfrac{1}{36}$ 时，在 t=0.5 处的误差 $u-u_h$

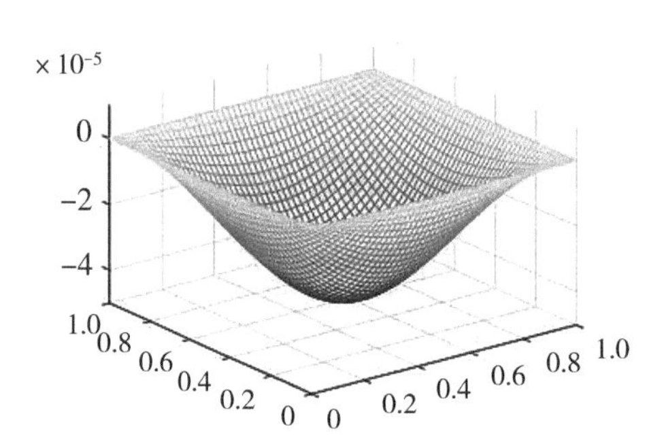

图 5.13　当 $\Delta\alpha=\dfrac{1}{500}$, $\Delta t=\dfrac{1}{200}$, $h_x=h_y=\widetilde{H}_x^2=H_y^2=\dfrac{1}{49}$ 时，在 $t=0.5$ 处的误差 $u-u_h$

5.5　结果讨论

本章中，我们构造了一类两层网格 ADI 有限元方法结合 WSGD 算子求解二维时间分布阶非线性反应扩散模型，文中进行了稳定性分析和误差估计，在空间方向达到最优收敛阶. 根据数值算例验证了理论结果的正确性. 与传统的有限元方法相比，两层网格 ADI 有限元方法可以节省计算时间和存储空间，提高计算效率. 因此该算法具有进一步的研究价值，未来，我们将考虑应用此方法数值求解空间和时空分布阶非线性偏微分方程.

6　非线性时间分布阶反应扩散耦合系统的基于SFTR的ADI有限元算法

耦合系统可以反映不同物质之间的相互影响和相互作用，可以应用于求解各类实际问题，是一类具有重要意义的数学模型．但是由于模型的复杂性，通常很难求出该类模型的精确解，因此学者将研究重心转移到求其数值解．Hou 等于 2017 年讨论了一维非线性时间分数阶耦合方程，采用混合有限元方法进行数值求解，并得到 $O(\tau^{2-\alpha}+\tau^{2-\beta})$ 阶收敛结果．2018 年，Li 等在参考文献 [139] 中发展了 Galerkin 有限元方法用于数值求解非线性空间分数阶耦合 Schrödinger 系统．2019 年，Kumar 等在参考文献 [140] 中使用基于 Crank-Nicolson 格式的有限元方法讨论了时间分数阶非线性耦合扩散模型．2020 年，Feng 等[141]采用混合有限元数值算法求解二维时间分数阶非线性耦合扩散模型．2020 年，Liu 等[142]研究了基于 TT-M 的有限元算法数值求解二维空间分数阶 Gray-Scott 模型，给出了稳定性和收敛性的证明，该方法计算速度较快．

6.1 引言

考虑非线性时间分布阶反应扩散耦合系统：

$$\begin{cases} \dfrac{\partial u}{\partial t}+b_1\mathcal{D}_t^{\omega(\alpha)}u=a\Delta u+f(u,v)+\bar{f}(\boldsymbol{x},t),(\boldsymbol{x},t)\in\Omega\times J, \\ \dfrac{\partial v}{\partial t}+b_2\mathcal{D}_t^{\omega(\beta)}v=c\Delta v+g(u,v)+\bar{g}(\boldsymbol{x},t),(\boldsymbol{x},t)\in\Omega\times J, \\ u(\boldsymbol{x},t)=v(\boldsymbol{x},t)=0,(\boldsymbol{x},t)\in\partial\Omega\times\bar{J}, \\ u(\boldsymbol{x},0)=u^0(\boldsymbol{x}),v(\boldsymbol{x},0)=v^0(\boldsymbol{x}),\boldsymbol{x}\in\bar{\Omega}, \end{cases} \tag{6.1.1}$$

其中，Ω是 $R^d(d\leqslant 2)$的有界凸多边形子域，边界$\partial\Omega$是Lipschitz连续的，$J=(0,T]$是时间区间．非线性项 $f(u,v)$ 和 $g(u,v)$ 是关于 u 和 v 的不含常数项的两个不同的二次多项式．方程中的 $u^0(\boldsymbol{x}),v^0(\boldsymbol{x}),\bar{f}(\boldsymbol{x},t)$ 以及 $\bar{g}(\boldsymbol{x},t)$ 都是给定的已知函数．参数 b_1,b_2,a和 c 都是正常量．

本章我们仅考虑 $u^0(\boldsymbol{x})=v^0(\boldsymbol{x})=0$ 的情况．对于 $u^0(\boldsymbol{x})\neq 0$ 且 $v^0(\boldsymbol{x})\neq 0$ 时，

只需要令 $\mu(\boldsymbol{x},t) \coloneqq u(\boldsymbol{x},t) - u^0(\boldsymbol{x}), \nu(\boldsymbol{x},t) \coloneqq v(\boldsymbol{x},t) - v^0(\boldsymbol{x})$，然后再运用与本章相似的计算过程即可．下面定义分布阶导数

$$\mathcal{D}_t^{\omega(\gamma)}\xi(\boldsymbol{x},t) = \int_0^1 \omega(\gamma)\,{}_0^C D_t^\gamma \xi(\boldsymbol{x},t)\mathrm{d}\gamma, (0 < \gamma < 1), \tag{6.1.2}$$

其中$\gamma = \alpha$或者 β,

$$ {}_0^C D_t^\gamma \xi(\boldsymbol{x},t) = \begin{cases} \dfrac{1}{\Gamma(1-\gamma)}\displaystyle\int_0^t (t-\tau)^{-\gamma}\frac{\partial \xi}{\partial \tau}(\boldsymbol{x},\tau)\mathrm{d}\tau, 0 \leqslant \gamma < 1, \\ \xi_t(\boldsymbol{x},t), \gamma = 1, \end{cases} \tag{6.1.3}$$

且$\omega(\gamma) \geqslant 0, \int_0^1 \omega(\gamma)\mathrm{d}\gamma = C_0 > 0$.

本章将应用基于 SFTR 逼近的 ADI 有限元算法数值求解非线性时间分布阶耦合模型，并进行理论分析和数值模拟．其中 SFTR 是由 Yin 等在参考文献 [55] 中提出并用于求解空间分数阶反应扩散方程．2020年，在参考文献 [56] 中，SFTR被应用于求解高维非线性空间分数阶 Schrödinger 方程，得到误差结果为 $O(h^2 + \tau^2)$.

本章的主要目的是使用基于 SFTR 的 ADI 有限元方法数值求解非线性时间分布阶反应扩散耦合系统．时间分布阶导数使用SFTR 结合数值求积公式逼近，进一步得到ADI 有限元全离散格式．严格推导格式的稳定性，并得到两个未知函数的误差估计结果．最后运用数值算例验证格式的有效性．

本章结构安排如下：在6.2节，给出了二维非线性时间分布阶反应扩散耦合系统的数值计算格式；在6.3节中，证明了全离散格式的无条件稳定性并推导了先验误差估计结果；在6.4 节，给出了数值模拟结果，并详细分析了数值结论；在6.5节，对本章内容进行总结．

6.2 ADI有限元格式

假设$s(\gamma) \in C^2[0,1]$，令 $s(\gamma) = \omega(\gamma)\,{}_0^C D_t^\gamma \xi$，运用引理2.5.1可以得到

$$\mathcal{D}_t^{\omega(\gamma)}\xi = \Delta\gamma \sum_{k=0}^{2K} c_k\,\omega(\gamma_k)\,{}_0^C D_t^{\gamma_k}\xi - E_4, \tag{6.2.1}$$

其中 $E_{4\gamma} = O(\Delta\gamma^2)$. 记

$$\Delta\xi(t_{n-\theta}) = \Delta\xi^{n-\theta} + E_5^{n-\theta} \tag{6.2.2}$$

其中 $E_5^{n-\theta}=O(\Delta t^2),\Delta\xi^{n-\theta}=(1-\theta)\Delta\xi^n+\theta\Delta\xi^{n-1}$.

根据引理 2.5.17 和引理 2.5.18，以及式（6.2.1）和式（6.2.2），可将式（6.1.1）写为以下形式：

当$n=1$时，有

$$\begin{aligned}
&(a)\Psi_{\Delta t}^{1,1}u+b_1\Delta\alpha\sum_{k=0}^{2K}c_k\,\omega(\alpha_k)\Psi_{\Delta t}^{\alpha_k,1}u-a\Delta u^{1-\theta}\\
&=f(u^0,v^0)+\overline{f^1}+E_{11}^{1-\theta}+E_{1\alpha}^{1-\theta}+E_2^{1-\theta}+E_3^{1-\theta}+E_{4\alpha}^{1-\theta}+E_5^{1-\theta},\\
&(b)\Psi_{\Delta t}^{1,1}v+b_2\Delta\beta\sum_{k=0}^{2K}c_k\,\omega(\beta_k)\Psi_{\Delta t}^{\beta_k,1}v-c\Delta v^{1-\theta}\\
&=g(u^0,v^0)+\overline{g^1}+E_{11}^{1-\theta}+E_{1\beta}^{1-\theta}+E_2^{1-\theta}+E_3^{1-\theta}+E_{4\beta}^{1-\theta}+E_5^{1-\theta}.
\end{aligned}\tag{6.2.3}$$

当$n\geqslant 2$时，有

$$\begin{aligned}
&(a)\Psi_{\Delta t}^{1,n}u+b_1\Delta\alpha\sum_{k=0}^{2K}c_k\,\omega(\alpha_k)\Psi_{\Delta t}^{\alpha_k,n}u-a\Delta u^{n-\theta}\\
&=(2-\theta)f(u^{n-1},v^{n-1})-(1-\theta)f(u^{n-2},v^{n-2})\\
&\quad+(1-\theta)\overline{f^n}+\theta\overline{f^{n-1}}\\
&\quad+E_{11}^{n-\theta}+E_{1\alpha}^{n-\theta}+E_2^{n-\theta}+E_3^{n-\theta}+E_{4\alpha}^{n-\theta}+E_5^{n-\theta},\\
&(b)\Psi_{\Delta t}^{1,n}v+b_2\Delta\beta\sum_{k=0}^{2K}c_k\,\omega(\beta_k)\Psi_{\Delta t}^{\beta_k,n}v-c\Delta v^{n-\theta}\\
&=(2-\theta)g(u^{n-1},v^{n-1})-(1-\theta)g(u^{n-2},v^{n-2})\\
&\quad+(1-\theta)\overline{g^n}+\theta\overline{g^{n-1}}\\
&\quad+E_{11}^{n-\theta}+E_{1\beta}^{n-\theta}+E_2^{n-\theta}+E_3^{n-\theta}+E_{4\beta}^{n-\theta}+E_5^{n-\theta}.
\end{aligned}\tag{6.2.4}$$

下面，引入有限元空间（W_h^r,W_h^r）. 本章中子空间 W_h^r 的定义和性质与第5章中子空间 V_h^r 的定义和性质一致［参考式（5.2.1）］. 引入 $\{u_h^n,v_h^n\}:[0,T]\mapsto W_h^r\times W_h^r$可以得到方程（6.2.3）和（6.2.4）的有限元格式为

当$n=1$时，

$$\begin{aligned}
&(a)\Psi_{\Delta t}^{1,1}(u_h,w_h)+b_1\Delta\alpha\sum_{k=0}^{2K}c_k\,\omega(\alpha_k)\Psi_{\Delta t}^{\alpha_k,1}(u_h,w_h)+a\left(\nabla u_h^{1-\theta},\nabla w_h\right)\\
&=(f(u_h^0,v_h^0),w_h)+\left(\overline{f^1},w_h\right),\forall w_h\in W_h^r,\\
&(b)\Psi_{\Delta t}^{1,1}(v_h,z_h)+b_2\Delta\beta\sum_{k=0}^{2K}c_k\,\omega(\beta_k)\Psi_{\Delta t}^{\beta_k,1}(v_h,z_h)+a\left(\nabla v_h^{1-\theta},\nabla z_h\right)\\
&=(g(u_h^0,v_h^0),z_h)+\left(\overline{g^1},z_h\right),\forall z_h\in W_h^r.
\end{aligned}\tag{6.2.5}$$

当$n \geqslant 2$时，

$$
\begin{aligned}
&(a)\Psi_{\Delta t}^{1,n}(u_h, w_h) + b_1\Delta\alpha \sum_{k=0}^{2K} c_k\, \omega(\alpha_k)\Psi_{\Delta t}^{\alpha_k,n}(u_h, w_h) \\
&\quad +a\left(\nabla u_h^{n-\theta}, \nabla w_h\right) \\
&\quad = \left((2-\theta)f(u_h^{n-1}, v_h^{n-1}) - (1-\theta)f(u_h^{n-2}, v_h^{n-2}), w_h\right) \\
&\quad\quad +\left((1-\theta)\overline{f^n} + \theta\overline{f^{n-1}}, w_h\right), \forall w_h \in W_h^r, \\
&(b)\Psi_{\Delta t}^{1,n}(v_h, z_h) + b_2\Delta\beta \sum_{k=0}^{2K} c_k\, \omega(\beta_k)\Psi_{\Delta t}^{\beta_k,n}(v_h, z_h) \\
&\quad +a\left(\nabla v_h^{n-\theta}, \nabla z_h\right) \\
&\quad = \left((2-\theta)g(u_h^{n-1}, v_h^{n-1}) - (1-\theta)g(u_h^{n-2}, v_h^{n-2}), z_h\right) \\
&\quad\quad +\left((1-\theta)\overline{g^n} + \theta\overline{g^{n-1}}, z_h\right), \forall z_h \in W_h^r.
\end{aligned}
\tag{6.2.6}
$$

下面，我们建立ADI有限元格式．定义

$$
\begin{aligned}
&\mathcal{A} = a(1-\theta)\Delta t\left(\psi_0^{(1)}\right)^{-1}, \\
&\mathcal{B} = 1 + b_1\Delta\alpha \sum_{k=0}^{2K} c_k\, \omega(\alpha_k)\Delta t^{1-\alpha_k}\psi_0^{(\alpha_k)}\left(\psi_0^{(1)}\right)^{-1}, \\
&\mathcal{C} = c(1-\theta)\Delta t\left(\psi_0^{(1)}\right)^{-1}, \\
&\mathcal{E} = 1 + b_2\Delta\beta \sum_{k=0}^{2K} c_k\, \omega(\beta_k)\Delta t^{1-\beta_k}\psi_0^{(\beta_k)}\left(\psi_0^{(1)}\right)^{-1}.
\end{aligned}
$$

将上述等式代入原方程，可得ADI有限元格式如下：

当$n = 1$时，

$$
\begin{aligned}
&(a)\Psi_{\Delta t}^{1,1}(u_h, w_h) + b_1\Delta\alpha \sum_{k=0}^{2K} c_k\, \omega(\alpha_k)\Psi_{\Delta t}^{\alpha_k,1}(u_h, w_h) + a\left(\nabla u_h^{1-\theta}, \nabla w_h\right) \\
&\quad +\frac{\mathcal{A}^2}{\mathcal{B}}\Psi_{\Delta t}^{1,1}\left(\frac{\partial^2}{\partial x\partial y}u_h, \frac{\partial^2}{\partial x\partial y}w_h\right) \\
&\quad = (f(u_h^0, v_h^0), w_h) + \left(\overline{f^1}, w_h\right), \forall w_h \in W_h^r, \\
&(b)\Psi_{\Delta t}^{1,1}(v_h, z_h) + b_2\Delta\beta \sum_{k=0}^{2K} c_k\, \omega(\beta_k)\Psi_{\Delta t}^{\beta_k,1}(v_h, z_h) + c\left(\nabla v_h^{1-\theta}, \nabla z_h\right) \\
&\quad +\frac{\mathcal{C}^2}{\mathcal{E}}\Psi_{\Delta t}^{1,1}\left(\frac{\partial^2}{\partial x\partial y}v_h, \frac{\partial^2}{\partial x\partial y}z_h\right) \\
&\quad = (g(u_h^0, v_h^0), z_h) + \left(\overline{g^1}, z_h\right), \forall z_h \in W_h^r;
\end{aligned}
\tag{6.2.7}
$$

当$n \geqslant 2$时，

$$
\begin{aligned}
&(a)\Psi_{\Delta t}^{1,n}(u_h,w_h)+b_1\Delta\alpha\sum_{k=0}^{2K}c_k\,\omega(\alpha_k)\Psi_{\Delta t}^{\alpha_k,n}(u_h,w_h)+a\left(\nabla u_h^{n-\theta},\nabla w_h\right)\\
&\quad+\frac{\mathcal{A}^2}{\mathcal{B}}\Psi_{\Delta t}^{1,n}\left(\frac{\partial^2}{\partial x\partial y}u_h,\frac{\partial^2}{\partial x\partial y}w_h\right)\\
&=\left((1-\theta)\overline{f^n}+\theta\overline{f^{n-1}},w_h\right)\\
&\quad+\left((2-\theta)f(u_h^{n-1},v_h^{n-1})-(1-\theta)f(u_h^{n-2},v_h^{n-2}),w_h\right),\forall w_h\in W_h^r,\\
&(b)\Psi_{\Delta t}^{1,n}(v_h,z_h)+b_2\Delta\beta\sum_{k=0}^{2K}c_k\,\omega(\beta_k)\Psi_{\Delta t}^{\beta_k,n}(v_h,z_h)+c\left(\nabla v_h^{n-\theta},\nabla z_h\right)\\
&\quad+\frac{\mathcal{C}^2}{\mathcal{E}}\Psi_{\Delta t}^{1,n}\left(\frac{\partial^2}{\partial x\partial y}v_h,\frac{\partial^2}{\partial x\partial y}z_h\right)\\
&=\left((1-\theta)\overline{g^n}+\theta\overline{g^{n-1}},z_h\right)\\
&\quad+\left((2-\theta)g(u_h^{n-1},v_h^{n-1})-(1-\theta)g(u_h^{n-2},v_h^{n-2}),z_h\right),\forall z_h\in W_h^r.
\end{aligned}
\tag{6.2.8}
$$

接下来，我们对数值格式（6.2.7）和（6.2.8）进行进一步研究，将该方程写为 ADI 有限元格式的矩阵形式．假设 $W_h^r=W_{h,x}^r\otimes W_{h,y}^r$，其中$W_{h,x}^r$和$W_{h,y}^r$均为$H_0^1(\Omega)$的有限维子空间．令 $\{\varphi_q\}_{q=1}^{N_x-1}$ 和 $\{\chi_p\}_{p=1}^{N_y-1}$ 分别为子空间$W_{h,x}^r$和$W_{h,y}^r$的基，则$\{\varphi_q\chi_p\}_{q=1,p=1}^{N_x-1,N_y-1}$是空间 W_h^r 的张量积的基．令

$$
\begin{aligned}
u_h^n(x,y)&=\sum_{q=1}^{N_x-1}\sum_{p=1}^{N_y-1}\epsilon_{uqp}^{(n)}\,\varphi_q(x)\chi_p(y),\\
\Psi_{\Delta t}^{1,n}u_h(x,y)&=\sum_{q=1}^{N_x-1}\sum_{p=1}^{N_y-1}\varrho_{uqp}^{(n)}\,\varphi_q(x)\chi_p(y),
\end{aligned}
\tag{6.2.9}
$$

其中

$$
\epsilon_{uqp}^{(n)}=\Delta t\left(\psi_0^{(1)}\right)^{-1}\varrho_{uqp}^{(n)}-\left(\psi_0^{(1)}\right)^{-1}\sum_{j=1}^{n}\psi_j^{(1)}\,\epsilon_{uqp}^{(n-j)}.
\tag{6.2.10}
$$

取$w_h=\varphi_l\chi_m,l=1,\cdots,N_x-1;m=1,\cdots,N_y-1$，则式（6.2.7）$(a)$ ~（6.2.8）(a)可写为

当$n=1$时，

$$
\begin{aligned}
&(a)\sum_{q=1}^{N_x-1}\sum_{p=1}^{N_y-1}\varrho_{uqp}^{(1)}\left\{(\varphi_q\chi_p,\varphi_l\chi_m)+\frac{\mathcal{A}}{\mathcal{B}}(\nabla\varphi_q\chi_p,\nabla\varphi_l\chi_m)\right.\\
&\quad\left.+\frac{\mathcal{A}^2}{\mathcal{B}^2}\left(\frac{\partial^2}{\partial x\partial y}\varphi_q\chi_p,\frac{\partial^2}{\partial x\partial y}\varphi_l\chi_m\right)\right\}=F^1,
\end{aligned}
$$

当$n \geqslant 2$时，

$$(a)\sum_{q=1}^{N_x-1}\sum_{p=1}^{N_y-1}\varrho_{uqp}^{(n)}\left\{(\varphi_q\chi_p,\varphi_l\chi_m)+\frac{\mathcal{A}}{\mathcal{B}}(\nabla\varphi_q\chi_p,\nabla\varphi_l\chi_m)\right.$$
$$\left.+\frac{\mathcal{A}^2}{\mathcal{B}^2}\left(\frac{\partial^2}{\partial x\partial y}\varphi_q\chi_p,\frac{\partial^2}{\partial x\partial y}\varphi_l\chi_m\right)\right\}=F^n, n=0,1,\cdots,N.$$

其中

$$F^1=\frac{1}{\mathcal{B}}\left\{(f(u_h^0,v_h^0),\varphi_l\chi_m)+(\overline{f^1},\varphi_l\chi_m)\right.$$
$$-\sum_{q=1}^{N_x-1}\sum_{p=1}^{N_y-1}\left(\left(a\theta\epsilon_{uqp}^{(0)}-a(1-\theta)\left(\psi_0^{(1)}\right)^{-1}\psi_1^{(1)}\epsilon_{uqp}^{(0)}\right)\nabla(\varphi_q\chi_p),\nabla(\varphi_l\chi_m)\right)$$
$$+\sum_{q=1}^{N_x-1}\sum_{p=1}^{N_y-1}b_1\,\Delta\alpha\sum_{k=0}^{2K}c_k\,\omega(\alpha_k)\Delta t^{-\alpha_k}\psi_0^{(\alpha_k)}\left(\psi_0^{(1)}\right)^{-1}\psi_1^{(1)}\epsilon_{uqp}^{(0)}(\varphi_q\chi_p,\varphi_l\chi_m)$$
$$\left.-\sum_{q=1}^{N_x-1}\sum_{p=1}^{N_y-1}b_1\,\Delta\alpha\sum_{k=0}^{2K}c_k\,\omega(\alpha_k)\Delta t^{-\alpha_k}\psi_1^{(\alpha_k)}\epsilon_{uqp}^{(0)}(\varphi_q\chi_p,\varphi_l\chi_m)\right\},\tag{6.2.11}$$

$$F^n=\frac{1}{\mathcal{B}}\left\{\left((1-\theta)\overline{f^n}+\theta\overline{f^{n-1}},\varphi_l\chi_m\right)\right.$$
$$+\left((2-\theta)f(u_h^{n-1},v_h^{n-1})-(1-\theta)f(u_h^{n-2},v_h^{n-2}),\varphi_l\chi_m\right)$$
$$-\sum_{q=1}^{N_x-1}\sum_{p=1}^{N_y-1}\left(\left(a\theta\epsilon_{uqp}^{(n-1)}-a(1-\theta)\left(\psi_0^{(1)}\right)^{-1}\sum_{j=1}^{n}\psi_j^{(1)}\epsilon_{uqp}^{(n-j)}\right)\nabla(\varphi_q\chi_p),\nabla(\varphi_l\chi_m)\right)$$
$$+\sum_{q=1}^{N_x-1}\sum_{p=1}^{N_y-1}b_1\,\Delta\alpha\sum_{k=0}^{2K}c_k\,\omega(\alpha_k)\Delta t^{-\alpha_k}\psi_0^{(\alpha_k)}\left(\psi_0^{(1)}\right)^{-1}\sum_{j=1}^{n}\psi_j^{(1)}\epsilon_{uqp}^{n-j}(\varphi_q\chi_p,\varphi_l\chi_m)$$
$$\left.-\sum_{q=1}^{N_x-1}\sum_{p=1}^{N_y-1}b_1\,\Delta\alpha\sum_{k=0}^{2K}c_k\,\omega(\alpha_k)\Delta t^{-\alpha_k}\sum_{j=1}^{n}\psi_j^{(\alpha_k)}\epsilon_{uqp}^{n-j}(\varphi_q\chi_p,\varphi_l\chi_m)\right\}.$$

定义

$$M_x=\left(\left(\varphi_q,\varphi_p\right)_x\right)_{q,p}^{N_x-1}, M_y=\left(\left(\chi_q,\chi_p\right)_y\right)_{q,p}^{N_y-1},$$
$$S_x=\left(\left(\frac{\partial\varphi_q}{\partial x},\frac{\partial\varphi_p}{\partial x}\right)_x\right)_{q,p}^{N_x-1}, S_y=\left(\left(\frac{\partial\chi_q}{\partial y},\frac{\partial\chi_p}{\partial y}\right)_y\right)_{q,p}^{N_y-1},$$
$$\widehat{F^{(n)}}=\left[F^n(\varphi_1,\chi_1),F^n(\varphi_1,\chi_2),\cdots,F^n\left(\varphi_1,\chi_{N_y-1}\right),F^n(\varphi_2,\chi_1),\cdots,F^n\left(\varphi_{N_x-1},\chi_{N_y-1}\right)\right]^T,$$

其中

$$(\varphi,\chi)_x = \int_R \varphi(x)\chi(x)\mathrm{d}x\,,(\varphi,\chi)_y = \int_R \varphi(y)\chi(y)\mathrm{d}y,$$

令

$$\epsilon_u^{(n)} = \left[\epsilon_{u11}^{(n)}, \epsilon_{u12}^{(n)}, \cdots, \epsilon_{u1N_y-1}^{(n)}, \epsilon_{u21}^{(n)}, \cdots, \epsilon_{u,N_x-1,N_y-1}^{(n)}\right]^T,$$
$$\varrho_u^{\gamma,(n)} = \left[\varrho_{u11}^{\gamma,(n)}, \varrho_{u12}^{\gamma,(n)}, \cdots, \varrho_{u1N_y-1}^{\gamma,(n)}, \varrho_{u21}^{\gamma,(n)}, \cdots, \varrho_{u,N_x-1,N_y-1}^{\gamma,(n)}\right]^T.$$

则可得 ADI Galerkin 格式（6.2.7）(a) ~（6.2.8）(a) 的矩阵形式为

当$n = 1$时，

$$(a)\left[\left(M_x + \frac{\mathcal{A}}{\mathcal{B}}S_x\right) \otimes I_{N_y-1}\right]\left[I_{N_x-1} \otimes \left(M_y + \frac{\mathcal{A}}{\mathcal{B}}S_y\right)\right]\varrho_u^{(1)} = \widehat{F^{(1)}}, \tag{6.2.12}$$

当$n \geqslant 2$时，

$$(a)\left[\left(M_x + \frac{\mathcal{A}}{\mathcal{B}}S_x\right) \otimes I_{N_y-1}\right]\left[I_{N_x-1} \otimes \left(M_y + \frac{\mathcal{A}}{\mathcal{B}}S_y\right)\right]\varrho_u^{(n)} = \widehat{F^{(n)}}, \tag{6.2.13}$$

其中⊗代表矩阵张量积，且I_{N_x-1}和I_{N_y-1}分别表示$N_x - 1$和$N_y - 1$阶单位矩阵.

通过引入辅助变量 $\widehat{\varrho_u^{(1)}}$ 和 $\widehat{\varrho_u^{(n)}}$ 可得式（6.2.12）~（6.2.13）的等价形式为

当$n = 1$时，

$$\begin{aligned}&\left[\left(M_x + \frac{\mathcal{A}}{\mathcal{B}}S_x\right) \otimes I_{N_y-1}\right]\widehat{\varrho_u^{(1)}} = \widehat{F^{(1)}},\\&\left[I_{N_x-1} \otimes \left(M_y + \frac{\mathcal{A}}{\mathcal{B}}S_y\right)\right]\varrho_u^{(1)} = \widehat{\varrho_u^{(1)}}.\end{aligned} \tag{6.2.14}$$

当$n \geqslant 2$时，

$$\begin{aligned}&\left[\left(M_x + \frac{\mathcal{A}}{\mathcal{B}}S_x\right) \otimes I_{N_y-1}\right]\widehat{\varrho_u^{(n)}} = \widehat{F^{(n)}},\\&\left[I_{N_x-1} \otimes \left(M_y + \frac{\mathcal{A}}{\mathcal{B}}S_y\right)\right]\varrho_u^{(n)} = \widehat{\varrho_u^{(n)}}.\end{aligned} \tag{6.2.15}$$

因此，可通过求解两个一维问题求出 $\varrho_u^{(1)}$ 和 $\varrho_u^{(n)}$ 的值.

采用与式（6.2.7）(a) ~（6.2.8）(a) 相似的计算过程，可以计算得到 ADI Galerkin 有限元格式（6.2.7）(b) ~（6.2.8）(b) 的矩阵形式

当$n = 1$时，

$$\begin{aligned}&\left[\left(M_x + \frac{\mathcal{C}}{\mathcal{E}}S_x\right) \otimes I_{N_y-1}\right]\widehat{\varrho_v^{(1)}} = \widehat{G^{(1)}},\\&\left[I_{N_x-1} \otimes \left(M_y + \frac{\mathcal{C}}{\mathcal{E}}S_y\right)\right]\varrho_v^{(1)} = \widehat{\varrho_v^{(1)}}.\end{aligned} \tag{6.2.16}$$

当 $n \geqslant 2$ 时,

$$\begin{aligned}&\left[\left(M_x+\frac{\mathcal{C}}{\mathcal{E}}S_x\right)\otimes I_{N_y-1}\right]\widehat{\varrho_v^{(n)}}=\widehat{G^{(n)}},\\&\left[I_{N_x-1}\otimes\left(M_y+\frac{\mathcal{C}}{\mathcal{E}}S_y\right)\right]\varrho_v^{(n)}=\widehat{\varrho_v^{(n)}}.\end{aligned}\tag{6.2.17}$$

同理，通过求解两个一维问题可以得到 $\varrho_v^{(1)}$ 和 $\varrho_v^{(n)}$ 的值. 首先在 x 方向上，计算以下方程求解 $\widehat{\varrho_{up}^{(1)}},\widehat{\varrho_{up}^{(n)}}$ 和 $\widehat{\varrho_{vp}^{(1)}}$, $\widehat{\varrho_{vp}^{(n)}}$.

$$\begin{aligned}&\left(M_x+\frac{\mathcal{A}}{\mathcal{B}}S_x\right)\widehat{\varrho_{up}^{(1)}}=\widehat{F_p^{(1)}},p=1,2,\cdots,N_y-1,\\&\left(M_x+\frac{\mathcal{A}}{\mathcal{B}}S_x\right)\widehat{\varrho_{up}^{(n)}}=\widehat{F_p^{(n)}},p=1,2,\cdots,N_y-1,n\geqslant 2,\\&\left(M_x+\frac{\mathcal{C}}{\mathcal{E}}S_x\right)\widehat{\varrho_{vp}^{(1)}}=\widehat{G_p^{(1)}},p=1,2,\cdots,N_y-1,\\&\left(M_x+\frac{\mathcal{C}}{\mathcal{E}}S_x\right)\widehat{\varrho_{vp}^{(n)}}=\widehat{G_p^{(n)}},p=1,2,\cdots,N_y-1,n\geqslant 2,\end{aligned}\tag{6.2.18}$$

其中

$$\begin{aligned}&\widehat{F_p^{(n)}}=\left[\widehat{F_{1p}^{(n)}},\widehat{F_{2p}^{(n)}},\cdots,\widehat{F_{N_x-1,p}^{(n)}}\right]^T,n\geqslant 1,\\&\widehat{G_p^{(n)}}=\left[\widehat{G_{1p}^{(n)}},\widehat{G_{2p}^{(n)}},\cdots,\widehat{G_{N_x-1,p}^{(n)}}\right]^T,n\geqslant 1,\\&\widehat{\varrho_p^{(n)}}=\left[\widehat{\varrho_{1p}^{(n)}},\widehat{\varrho_{2p}^{(n)}},\cdots,\widehat{\varrho_{N_x-1,p}^{(n)}}\right]^T,n\geqslant 1.\end{aligned}\tag{6.2.19}$$

之后，在 y 方向上，计算以下方程求解 $\varrho_{up}^{(1)},\varrho_{up}^{(n)}$ 和 $\varrho_{vp}^{(1)},\varrho_{vp}^{(n)}$.

$$\begin{aligned}&\left(M_y+\frac{\mathcal{A}}{\mathcal{B}}S_y\right)\varrho_{uq}^{(1)}=\widehat{\varrho_{uq}^{(1)}},q=1,2,\cdots,N_x-1,\\&\left(M_y+\frac{\mathcal{A}}{\mathcal{B}}S_y\right)\varrho_{uq}^{(n)}=\widehat{\varrho_{uq}^{(n)}},q=1,2,\cdots,N_x-1,n\geqslant 2,\\&\left(M_y+\frac{\mathcal{C}}{\mathcal{E}}S_y\right)\varrho_{vq}^{(1)}=\widehat{\varrho_{vq}^{(1)}},q=1,2,\cdots,N_x-1,\\&\left(M_y+\frac{\mathcal{C}}{\mathcal{E}}S_y\right)\varrho_{vq}^{(n)}=\widehat{\varrho_{vq}^{(n)}},q=1,2,\cdots,N_x-1,n\geqslant 2,\end{aligned}\tag{6.2.20}$$

其中

$$\begin{aligned}&\varrho_q^{(n)}=\left[\varrho_{q1}^{(n)},\varrho_{q2}^{(n)},\cdots,\varrho_{q,N_y-1}^{(n)}\right]^T,n\geqslant 1,\\&\widehat{\varrho_q^{(n)}}=\left[\widehat{\varrho_{q1}^{(n)}},\widehat{\varrho_{q2}^{(n)}},\cdots,\widehat{\varrho_{q,N_y-1}^{(n)}}\right]^T,n\geqslant 1.\end{aligned}$$

6.3 稳定性分析与误差估计

本节，讨论方程（6.2.7）和（6.2.8）的稳定性和收敛性.

定理6.3.1 假定 u_h^1,v_h^1 是方程（6.2.7）的解，u_h^n,v_h^n是方程（6.2.8）的解，则可以推出以下稳定性结论

$$\begin{aligned}\|u_h^n\|^2+\|v_h^n\|^2\leqslant C\Bigg(&\left\|u_h^0\right\|^2+\left\|v_h^0\right\|^2+\Delta t^2|\ln\Delta t|\left\|\frac{\partial^2}{\partial x\partial y}u_h^0\right\|^2\\&+\Delta t^2|\ln\Delta t|\left\|\frac{\partial^2}{\partial x\partial y}v_h^0\right\|^2+\max_{1\leqslant n\leqslant N}\left\{\left\|\overline{f^n}\right\|^2+\|\overline{g^n}\|^2\right\}\Bigg).\end{aligned}\tag{6.3.1}$$

证明： 当$n=1$时，在方程（6.2.7）中取$w_h=u_h^1,z_h=v_h^1$，有

$$\begin{aligned}&(a)\Psi_{\Delta t}^{1,1}(u_h,u_h^1)+b_1\Delta\alpha\sum_{k=0}^{2K}c_k\,\omega(\alpha_k)\Psi_{\Delta t}^{\alpha_k,1}(u_h,u_h^1)+a\left(\nabla u_h^{1-\theta},\nabla u_h^1\right)\\&\quad+\frac{\mathcal{A}^2}{\mathcal{B}}\Psi_{\Delta t}^{1,1}\left(\frac{\partial^2}{\partial x\partial y}u_h,\frac{\partial^2}{\partial x\partial y}u_h^1\right)=(f(u_h^0,v_h^0),u_h^1)+\left(\overline{f^1},u_h^1\right),\\&(b)\Psi_{\Delta t}^{1,1}(v_h,v_h^1)+b_2\Delta\beta\sum_{k=0}^{2K}c_k\,\omega(\beta_k)\Psi_{\Delta t}^{\beta_k,1}(v_h,v_h^1)+c\left(\nabla v_h^{1-\theta},\nabla v_h^1\right)\\&\quad+\frac{\mathcal{C}^2}{\mathcal{E}}\Psi_{\Delta t}^{1,1}\left(\frac{\partial^2}{\partial x\partial y}v_h,\frac{\partial^2}{\partial x\partial y}v_h^1\right)=(g(u_h^0,v_h^0),v_h^1)+\left(\overline{g^1},v_h^1\right).\end{aligned}\tag{6.3.2}$$

运用引理2.5.21 ~ 2.5.23、Cauchy-Schwarz 不等式和 Young 不等式，可以得到

$$\begin{aligned}&(a)\left\|u_h^1\right\|^2+\frac{\mathcal{A}^2}{\mathcal{B}}\left\|\frac{\partial^2}{\partial x\partial y}u_h^1\right\|^2\\&\leqslant\left\|u_h^0\right\|^2+\frac{\mathcal{A}^2}{\mathcal{B}}\left\|\frac{\partial^2}{\partial x\partial y}u_h^0\right\|^2+C\Delta t\left(\left\|u_h^0\right\|^2+\left\|v_h^0\right\|^2+\left\|\overline{f^1}\right\|^2\right),\\&(b)\left\|v_h^1\right\|^2+\frac{\mathcal{C}^2}{\mathcal{E}}\left\|\frac{\partial^2}{\partial x\partial y}v_h^1\right\|^2\\&\leqslant\left\|v_h^0\right\|^2+\frac{\mathcal{C}^2}{\mathcal{E}}\left\|\frac{\partial^2}{\partial x\partial y}v_h^0\right\|^2+C\Delta t\left(\left\|u_h^0\right\|^2+\left\|v_h^0\right\|^2+\left\|\overline{g^1}\right\|^2\right).\end{aligned}\tag{6.3.3}$$

当$n\geqslant 2$时，令方程（6.2.8）中$w_h=u_h^n,z_h=v_h^n$，可推出

$$\begin{aligned}&(a)\Psi_{\Delta t}^{1,n}(u_h,u_h^n)+b_1\Delta\alpha\sum_{k=0}^{2K}c_k\,\omega(\alpha_k)\Psi_{\Delta t}^{\alpha_k,n}(u_h,u_h^n)\\&\quad+a\left(\nabla u_h^{n-\theta},\nabla u_h^n\right)+\frac{\mathcal{A}^2}{\mathcal{B}}\Psi_{\Delta t}^{1,n}\left(\frac{\partial^2}{\partial x\partial y}u_h,\frac{\partial^2}{\partial x\partial y}u_h^n\right)\end{aligned}$$

$$
\begin{aligned}
&= \left((1-\theta)\overline{f^n} + \theta\overline{f^{n-1}}, u_h^n\right) + \left((2-\theta)f(u_h^{n-1}, v_h^{n-1}) - (1-\theta)f(u_h^{n-2}, v_h^{n-2}), u_h^n\right),\\
&(b)\Psi_{\Delta t}^{1,n}(v_h, v_h^n) + b_2\Delta\beta\sum_{k=0}^{2K} c_k\,\omega(\beta_k)\Psi_{\Delta t}^{\beta_k,n}(v_h, v_h^n)\\
&\quad + c\left(\nabla v_h^{n-\theta}, \nabla v_h^n\right) + \frac{\mathcal{C}^2}{\mathcal{E}}\Psi_{\Delta t}^{1,n}\left(\frac{\partial^2}{\partial x\partial y}v_h, \frac{\partial^2}{\partial x\partial y}v_h^n\right)\\
&= \left((1-\theta)\overline{g^n} + \theta\overline{g^{n-1}}, v_h^n\right) + \left((2-\theta)g(u_h^{n-1}, v_h^{n-1}) - (1-\theta)g(u_h^{n-2}, v_h^{n-2}), v_h^n\right).
\end{aligned}
\tag{6.3.4}
$$

对方程（6.3.4）从 2 到N求和，有

$$
\begin{aligned}
&(a)\sum_{n=2}^{N}\Psi_{\Delta t}^{1,n}(u_h, u_h^n) + \sum_{n=2}^{N} b_1\,\Delta\alpha\sum_{k=0}^{2K} c_k\,\omega(\alpha_k)\Psi_{\Delta t}^{\alpha_k,n}(u_h, u_h^n)\\
&\quad + \sum_{n=2}^{N} a\left(\nabla u_h^{n-\theta}, \nabla u_h^n\right) + \sum_{n=2}^{N}\frac{\mathcal{A}^2}{\mathcal{B}}\Psi_{\Delta t}^{1,n}\left(\frac{\partial^2}{\partial x\partial y}u_h, \frac{\partial^2}{\partial x\partial y}u_h^n\right)\\
&= \sum_{n=2}^{N}\left((1-\theta)\overline{f^n} + \theta\overline{f^{n-1}}, u_h^n\right)\\
&\quad + \sum_{n=2}^{N}\left((2-\theta)f(u_h^{n-1}, v_h^{n-1}) - (1-\theta)f(u_h^{n-2}, v_h^{n-2}), u_h^n\right),\\
&(b)\sum_{n=2}^{N}\Psi_{\Delta t}^{1,n}(v_h, v_h^n) + \sum_{n=2}^{N} b_2\,\Delta\beta\sum_{k=0}^{2K} c_k\,\omega(\beta_k)\Psi_{\Delta t}^{\beta_k,n}(v_h, v_h^n)\\
&\quad + \sum_{n=2}^{N} c\left(\nabla v_h^{n-\theta}, \nabla v_h^n\right) + \sum_{n=2}^{N}\frac{\mathcal{C}^2}{\mathcal{E}}\Psi_{\Delta t}^{1,n}\left(\frac{\partial^2}{\partial x\partial y}v_h, \frac{\partial^2}{\partial x\partial y}v_h^n\right)\\
&= \sum_{n=2}^{N}\left((1-\theta)\overline{g^n} + \theta\overline{g^{n-1}}, v_h^n\right)\\
&\quad + \sum_{n=2}^{N}\left((2-\theta)g(u_h^{n-1}, v_h^{n-1}) - (1-\theta)g(u_h^{n-2}, v_h^{n-2}), v_h^n\right).
\end{aligned}
\tag{6.3.5}
$$

将式（6.3.3）代入式（6.3.5）中，并运用引理 2.5.21 ~ 2.5.23、Cauchy-Schwarz 不等式以及 Young 不等式，可得

$$
\begin{aligned}
&(a)\left\|u_h^N\right\|^2 + \frac{\mathcal{A}^2}{\mathcal{B}}\left\|\frac{\partial^2}{\partial x\partial y}u_h^N\right\|^2\\
&\leqslant C\left(\left\|u_h^0\right\|^2 + \frac{\mathcal{A}^2}{\mathcal{B}}\left\|\frac{\partial^2}{\partial x\partial y}u_h^0\right\|^2\right) + C\Delta t\sum_{n=0}^{N}(\|u_h^n\|^2 + \|v_h^n\|^2)\\
&\quad + C\Delta t\sum_{n=1}^{N}\left\|\overline{f^n}\right\|^2,
\end{aligned}
\tag{6.3.6}
$$

$$
\begin{aligned}
&(b)\left\|v_h^N\right\|^2+\frac{\mathcal{C}^2}{\mathcal{E}}\left\|\frac{\partial^2}{\partial x \partial y} v_h^N\right\|^2 \\
&\leqslant C\left(\left\|v_h^0\right\|^2+\frac{\mathcal{C}^2}{\mathcal{E}}\left\|\frac{\partial^2}{\partial x \partial y} v_h^0\right\|^2\right)+C \Delta t \sum_{n=0}^N\left(\|u_h^n\|^2+\|v_h^n\|^2\right) \\
&\quad+C \Delta t \sum_{n=1}^N\|\overline{g^n}\|^2 .
\end{aligned}
$$

采取与参考文献 [113] 相似的计算过程，可以得到

$$
\begin{aligned}
&\frac{\mathcal{A}^2}{\mathcal{B}} \leqslant C\left(\Delta t^2|\ln \Delta t|\right), \\
&\frac{\mathcal{C}^2}{\mathcal{E}} \leqslant C\left(\Delta t^2|\ln \Delta t|\right).
\end{aligned} \tag{6.3.7}
$$

将式（6.3.6）中 (a) 和 (b) 求和，并运用式（6.3.7）和 Gronwall 引理，有

$$
\begin{aligned}
&\left\|u_h^N\right\|^2+\left\|v_h^N\right\|^2 \\
&\leqslant C\left(\left\|u_h^0\right\|^2+\left\|v_h^0\right\|^2+\frac{\mathcal{A}^2}{\mathcal{B}}\left\|\frac{\partial^2}{\partial x \partial y} u_h^0\right\|^2+\frac{\mathcal{C}^2}{\mathcal{E}}\left\|\frac{\partial^2}{\partial x \partial y} v_h^0\right\|^2\right) \\
&\quad+C T\left(\max_{1 \leqslant n \leqslant N}\left\{\left\|\bar{f}^n\right\|^2+\|\bar{g}^n\|^2\right\}\right) \\
&\leqslant C\left(\left\|u_h^0\right\|^2+\left\|v_h^0\right\|^2+\Delta t^2|\ln \Delta t|\left\|\frac{\partial^2}{\partial x \partial y} u_h^0\right\|^2\right. \\
&\quad\left.+\Delta t^2|\ln \Delta t|\left\|\frac{\partial^2}{\partial x \partial y} v_h^0\right\|^2+\max_{1 \leqslant n \leqslant N}\left\{\left\|\bar{f}^n\right\|^2+\|\bar{g}^n\|^2\right\}\right).
\end{aligned} \tag{6.3.8}
$$

至此，我们完成了稳定性定理的证明.

下面进行误差估计. 首先引入 Ritz 投影算子 R_h，本章所用的投影算子的定义和性质同第 5 章的投影算子 R_h 保持一致（见引理 5.3.1 和 5.3.2）.

定理 6.3.2 假定 $u(t_n)$ 和 $v(t_n)$ 是方程（6.1.1）的精确解，u_h^1, v_h^1 是方程（6.2.7）的数值解，同时 u_h^n, v_h^n 是方程（6.2.8）的数值解，假设 $u(t_n), v(t_n) \in L_\infty(H^r)$, $\frac{\partial u}{\partial t}$, $\frac{\partial v}{\partial t} \in L^2\left((0,T]; H^r\right)$, $\frac{\partial^3 u}{\partial x \partial y \partial t}$, $\frac{\partial^3 v}{\partial x \partial y \partial t} \in L^2\left((0,T]; L^2\right)$，且 $r \geqslant 2$，则可得以下误差结果

$$
\begin{aligned}
&\|u(t_n)-u_h^n\|^2+\|v(t_n)-v_h^n\|^2 \\
&\leqslant C\left(h^{2r}\|u\|_{L^{\infty}(H^r)}^2+h^{2r}\left\|\frac{\partial u}{\partial t}\right\|_{L^{\infty}(H^r)}^2+\Delta t^2|\ln \Delta t|\left\|\frac{\partial^3 u}{\partial x \partial y \partial t}\right\|_{L^2(L^2)}^2\right.
\end{aligned}
$$

$$+h^{2r-4}\Delta t^2|\ln\Delta t|\left\|\frac{\partial u}{\partial t}\right\|_{L^2(H^r)}^2+h^{2r}+\Delta t^4+\Delta\alpha^4+\Delta\beta^4$$
$$+h^{2r}\|v\|_{L^\infty(H^r)}^2+h^{2r}\left\|\frac{\partial v}{\partial t}\right\|_{L^\infty(H^r)}^2+\Delta t^2|\ln\Delta t|\left\|\frac{\partial^3 v}{\partial x\partial y\partial t}\right\|_{L^2(L^2)}^2 \quad (6.3.9)$$
$$+h^{2r-4}\Delta t^2|\ln\Delta t|\left\|\frac{\partial v}{\partial t}\right\|_{L^2(H^r)}^2\Bigg),$$

其中，C与空间步长h和时间步长参数Δt无关的正整数.

证明：为了简化记号，我们引入以下记号

$$\begin{aligned}u(t_n)-u_h^n&=(u(t_n)-R_hu^n)+(R_hu^n-u_h^n)=\rho^n+\eta^n,\\ v(t_n)-v_h^n&=(v(t_n)-R_hv^n)+(R_hv^n-v_h^n)=\varsigma^n+\delta^n.\end{aligned} \quad (6.3.10)$$

在式（6.2.4）两端同乘以$w_h\in W_h$后减去式（6.2.8）并运用式（6.3.10），可以推出在$n\geqslant 2$时的误差方程为

$$\begin{aligned}&(a)\Psi_{\Delta t}^{1,n}(\eta,w_h)+b_1\Delta\alpha\sum_{k=0}^{2K}c_k\,\omega(\alpha_k)\Psi_{\Delta t}^{\alpha_k,n}(\eta,w_h)+\left(a\nabla\eta^{n-\theta},\nabla w_h\right)\\ &\quad+\frac{\mathcal{A}^2}{\mathcal{B}}\Psi_{\Delta t}^{1,n}\left(\frac{\partial^2}{\partial x\partial y}\eta,\frac{\partial^2}{\partial x\partial y}w_h\right)\\ &=\left((2-\theta)f(u^{n-1},v^{n-1})-(1-\theta)f(u^{n-2},v^{n-2}),w_h\right)\\ &\quad+(-(2-\theta)f(u_h^{n-1},v_h^{n-1})+(1-\theta)f(u_h^{n-2},v_h^{n-2}),w_h)\\ &\quad+\left(E_{11}^{n-\theta}+E_{1\alpha}^{n-\theta}+E_2^{n-\theta}+E_3^{n-\theta}+E_{4\alpha}^{n-\theta}+E_5^{n-\theta},w_h\right)\\ &\quad+\frac{\mathcal{A}^2}{\mathcal{B}}\Psi_{\Delta t}^{1,n}\left(\frac{\partial^2}{\partial x\partial y}u,\frac{\partial^2}{\partial x\partial y}w_h\right)\\ &\quad-\Psi_{\Delta t}^{1,n}(\rho,w_h)-b_1\Delta\alpha\sum_{k=0}^{2K}c_k\,\omega(\alpha_k)\Psi_{\Delta t}^{\alpha_k,n}(\rho,w_h)\\ &\quad-\left(a\nabla\rho^{n-\theta},\nabla w_h\right)\\ &\quad-\frac{\mathcal{A}^2}{\mathcal{B}}\Psi_{\Delta t}^{1,n}\left(\frac{\partial^2}{\partial x\partial y}\rho,\frac{\partial^2}{\partial x\partial y}w_h\right),\forall w_h\in W_h^r,\end{aligned} \quad (6.3.11)$$

$$\begin{aligned}&(b)\Psi_{\Delta t}^{1,n}(\delta,z_h)+b_2\Delta\beta\sum_{k=0}^{2K}c_k\,\omega(\beta_k)\Psi_{\Delta t}^{\beta_k,n}(\delta,z_h)+\left(c\nabla\delta^{n-\theta},\nabla z_h\right)\\ &\quad+\frac{\mathcal{C}^2}{\mathcal{E}}\Psi_{\Delta t}^{1,n}\left(\frac{\partial^2}{\partial x\partial y}\delta,\frac{\partial^2}{\partial x\partial y}z_h\right)\\ &=\left((2-\theta)g(u^{n-1},v^{n-1})-(1-\theta)g(u^{n-2},v^{n-2}),z_h\right)\\ &\quad+(-(2-\theta)g(u_h^{n-1},v_h^{n-1})+(1-\theta)g(u_h^{n-2},v_h^{n-2}),z_h)\\ &\quad+\left(E_{11}^{n-\theta}+E_{1\beta}^{n-\theta}+E_2^{n-\theta}+E_3^{n-\theta}+E_{4\beta}^{n-\theta}+E_5^{n-\theta},z_h\right)\end{aligned} \quad (6.3.12)$$

$$+\frac{\mathcal{C}^2}{\mathcal{E}}\Psi_{\Delta t}^{1,n}\left(\frac{\partial^2}{\partial x\partial y}v,\frac{\partial^2}{\partial x\partial y}z_h\right)$$
$$-\Psi_{\Delta t}^{1,n}(\varsigma,z_h)-b_2\Delta\beta\sum_{k=0}^{2K}c_k\,\omega(\beta_k)\Psi_{\Delta t}^{\beta_k,n}(\varsigma,z_h)$$
$$-\left(c\nabla\varsigma^{n-\theta},\nabla z_h\right)$$
$$-\frac{\mathcal{C}^2}{\mathcal{E}}\Psi_{\Delta t}^{1,n}\left(\frac{\partial^2}{\partial x\partial y}\varsigma,\frac{\partial^2}{\partial x\partial y}z_h\right),\forall z_h\in W_h^r.$$

令式（6.3.11）和式（6.3.12）中 $w_h=\eta^n,z_h=\delta^n$ 并对 n 从 2 到 N 求和，有

$$(a)\sum_{n=2}^{N}\Psi_{\Delta t}^{1,n}(\eta,\eta^n)+\sum_{n=2}^{N}b_1\,\Delta\alpha\sum_{k=0}^{2K}c_k\,\omega(\alpha_k)\Psi_{\Delta t}^{\alpha_k,n}(\eta,\eta^n)+\sum_{n=2}^{N}\left(a\nabla\eta^{n-\theta},\nabla\eta^n\right)$$
$$+\sum_{n=2}^{N}\frac{\mathcal{A}^2}{\mathcal{B}}\Psi_{\Delta t}^{1,n}\left(\frac{\partial^2}{\partial x\partial y}\eta,\frac{\partial^2}{\partial x\partial y}\eta^n\right)$$
$$=\sum_{n=2}^{N}\left((2-\theta)f(u^{n-1},v^{n-1})-(1-\theta)f(u^{n-2},v^{n-2}),\eta^n\right)$$
$$+\sum_{n=2}^{N}(-(2-\theta)f(u_h^{n-1},v_h^{n-1})+(1-\theta)f(u_h^{n-2},v_h^{n-2}),\eta^n)$$
$$+\sum_{n=2}^{N}\left(E_{11}^{n-\theta}+E_{1\alpha}^{n-\theta}+E_2^{n-\theta}+E_3^{n-\theta}+E_{4\alpha}^{n-\theta}+E_5^{n-\theta},\eta^n\right)\tag{6.3.13}$$
$$+\sum_{n=2}^{N}\frac{\mathcal{A}^2}{\mathcal{B}}\Psi_{\Delta t}^{1,n}\left(\frac{\partial^2}{\partial x\partial y}u,\frac{\partial^2}{\partial x\partial y}\eta^n\right)$$
$$-\sum_{n=2}^{N}\Psi_{\Delta t}^{1,n}(\rho,\eta^n)-\sum_{n=2}^{N}b_1\,\Delta\alpha\sum_{k=0}^{2K}c_k\,\omega(\alpha_k)\Psi_{\Delta t}^{\alpha_k,n}(\rho,\eta^n)$$
$$-\sum_{n=2}^{N}\left(a\nabla\rho^{n-\theta},\nabla\eta^n\right)$$
$$-\sum_{n=2}^{N}\frac{\mathcal{A}^2}{\mathcal{B}}\Psi_{\Delta t}^{1,n}\left(\frac{\partial^2}{\partial x\partial y}\rho,\frac{\partial^2}{\partial x\partial y}\eta^n\right),$$

$$(b)\sum_{n=2}^{N}\Psi_{\Delta t}^{1,n}(\delta,\delta^n)+\sum_{n=2}^{N}b_2\,\Delta\beta\sum_{k=0}^{2K}c_k\,\omega(\beta_k)\Psi_{\Delta t}^{\beta_k,n}(\delta,\delta^n)+\sum_{n=2}^{N}\left(c\nabla\delta^{n-\theta},\nabla\delta^n\right)$$
$$+\sum_{n=2}^{N}\frac{\mathcal{C}^2}{\mathcal{E}}\Psi_{\Delta t}^{1,n}\left(\frac{\partial^2}{\partial x\partial y}\delta,\frac{\partial^2}{\partial x\partial y}\delta^n\right)$$
$$=\sum_{n=2}^{N}\left((2-\theta)g(u^{n-1},v^{n-1})-(1-\theta)g(u^{n-2},v^{n-2}),\delta^n\right)$$

$$
\begin{aligned}
&+\sum_{n=2}^{N}\left(-(2-\theta)g(u_h^{n-1},v_h^{n-1})+(1-\theta)g(u_h^{n-2},v_h^{n-2}),\delta^n\right)\\
&+\sum_{n=2}^{N}\left(E_{11}^{n-\theta}+E_{1\beta}^{n-\theta}+E_{2}^{n-\theta}+E_{3}^{n-\theta}+E_{4\beta}^{n-\theta}+E_{5}^{n-\theta},\delta^n\right)\\
&+\sum_{n=2}^{N}\frac{\mathcal{C}^2}{\mathcal{E}}\Psi_{\Delta t}^{1,n}\left(\frac{\partial^2}{\partial x\partial y}v,\frac{\partial^2}{\partial x\partial y}\delta^n\right)\\
&-\sum_{n=2}^{N}\Psi_{\Delta t}^{1,n}(\varsigma,\delta^n)-\sum_{n=2}^{N}b_2\,\Delta\beta\sum_{k=0}^{2K}c_k\,\omega(\beta_k)\Psi_{\Delta t}^{\beta_k,n}(\varsigma,\delta^n)\\
&-\sum_{n=2}^{N}\left(c\nabla\varsigma^{n-\theta},\nabla\delta^n\right)-\sum_{n=2}^{N}\frac{\mathcal{C}^2}{\mathcal{E}}\Psi_{\Delta t}^{1,n}\left(\frac{\partial^2}{\partial x\partial y}\varsigma,\frac{\partial^2}{\partial x\partial y}\delta^n\right).
\end{aligned}
\tag{6.3.14}
$$

根据引理2.5.21 ~ 2.5.23，方程（6.3.13）和（6.3.14）可以写为以下形式：

$$
\begin{aligned}
&(a)\,\|\eta^N\|^2+\frac{\mathcal{A}^2}{\mathcal{B}}\|\frac{\partial^2}{\partial x\partial y}\eta^N\|^2\\
&\leqslant 4\Delta t\sum_{n=2}^{N}\left((2-\theta)f(u^{n-1},v^{n-1})-(1-\theta)f(u^{n-2},v^{n-2}),\eta^n\right)\\
&\quad+4\Delta t\sum_{n=2}^{N}\left(-(2-\theta)f(u_h^{n-1},v_h^{n-1})+(1-\theta)f(u_h^{n-2},v_h^{n-2}),\eta^n\right)\\
&\quad+4\Delta t\sum_{n=2}^{N}\frac{\mathcal{A}^2}{\mathcal{B}}\Psi_{\Delta t}^{1,n}\left(\frac{\partial^2}{\partial x\partial y}u,\frac{\partial^2}{\partial x\partial y}\eta^n\right)\\
&\quad-4\Delta t\sum_{n=2}^{N}\Psi_{\Delta t}^{1,n}(\rho,\eta^n)-4\Delta t\sum_{n=2}^{N}b_1\,\Delta\alpha\sum_{k=0}^{2K}c_k\,\omega(\alpha_k)\Psi_{\Delta t}^{\alpha_k,n}(\rho,\eta^n)\\
&\quad-4\Delta t\sum_{n=2}^{N}\left(a\nabla\rho^{n-\theta},\nabla\eta^n\right)-4\Delta t\sum_{n=2}^{N}\frac{\mathcal{A}^2}{\mathcal{B}}\Psi_{\Delta t}^{1,n}\left(\frac{\partial^2}{\partial x\partial y}\rho,\frac{\partial^2}{\partial x\partial y}\eta^n\right)\\
&\quad+4\Delta t\sum_{n=2}^{N}\left(E_{11}^{n-\theta}+E_{1\alpha}^{n-\theta}+E_{2}^{n-\theta}+E_{3}^{n-\theta}+E_{4\alpha}^{n-\theta}+E_{5}^{n-\theta},\eta^n\right)\\
&\quad+\|\eta^1\|^2+\frac{\mathcal{A}^2}{\mathcal{B}}\left\|\frac{\partial^2}{\partial x\partial y}\eta^1\right\|^2\\
&=I_1+I_2+I_3+I_4+I_5+I_6+I_7+I_8,
\end{aligned}
\tag{6.3.15}
$$

$$
\begin{aligned}
&(b)\|\delta^N\|^2+\frac{\mathcal{C}^2}{\mathcal{E}}\left\|\frac{\partial^2}{\partial x\partial y}\delta^N\right\|^2\\
&\leqslant 4\Delta t\sum_{n=2}^{N}\left((2-\theta)g(u^{n-1},v^{n-1})-(1-\theta)g(u^{n-2},v^{n-2}),\delta^n\right)
\end{aligned}
$$

$$
\begin{aligned}
&+4\Delta t\sum_{n=2}^{N}(-(2-\theta)g(u_h^{n-1},v_h^{n-1})+(1-\theta)g(u_h^{n-2},v_h^{n-2}),\delta^n)\\
&+4\Delta t\sum_{n=2}^{N}\frac{\mathcal{C}^2}{\mathcal{E}}\Psi_{\Delta t}^{1,n}\left(\frac{\partial^2}{\partial x\partial y}v,\frac{\partial^2}{\partial x\partial y}\delta^n\right)\\
&-4\Delta t\sum_{n=2}^{N}\Psi_{\Delta t}^{1,n}(\varsigma,\delta^n)-4\Delta t\sum_{n=2}^{N}b_2\,\Delta\beta\sum_{k=0}^{2K}c_k\,\omega(\beta_k)\Psi_{\Delta t}^{\beta_k,n}(\varsigma,\delta^n)\\
&-4\Delta t\sum_{n=2}^{N}\left(c\nabla\varsigma^{n-\theta},\nabla\delta^n\right)-4\Delta t\sum_{n=2}^{N}\frac{\mathcal{C}^2}{\mathcal{E}}\Psi_{\Delta t}^{1,n}\left(\frac{\partial^2}{\partial x\partial y}\varsigma,\frac{\partial^2}{\partial x\partial y}\delta^n\right)\\
&+4\Delta t\sum_{n=2}^{N}\left(E_{11}^{n-\theta}+E_{1\beta}^{n-\theta}+E_{2}^{n-\theta}+E_{3}^{n-\theta}+E_{4\beta}^{n-\theta}+E_{5}^{n-\theta},\delta^n\right)\\
&+\|\delta^1\|^2+\frac{\mathcal{C}^2}{\mathcal{E}}\left\|\frac{\partial^2}{\partial x\partial y}\delta^1\right\|^2\\
=&\,\widetilde{I_1}+\widetilde{I_2}+\widetilde{I_3}+\widetilde{I_4}+\widetilde{I_5}+\widetilde{I_6}+\widetilde{I_7}+\widetilde{I_8}.
\end{aligned}
\tag{6.3.16}
$$

下面对方程（6.3.15）中的$I_1, I_2, \cdots, I_8$进行逐项估计．首先根据 Cauchy-Schwarz 不等式和 Young 不等式，可以推出

$$
\begin{aligned}
I_1=&\,4\Delta t\sum_{n=2}^{N}\left((2-\theta)f(u^{n-1},v^{n-1})-(1-\theta)f(u^{n-2},v^{n-2}),\eta^n\right)\\
&+4\Delta t\sum_{n=2}^{N}(-(2-\theta)f(u_h^{n-1},v_h^{n-1})+(1-\theta)f(u_h^{n-2},v_h^{n-2}),\eta^n)\\
\leqslant&\, C\Delta t\sum_{n=2}^{N}(\|\rho^{n-1}\|^2+\|\rho^{n-2}\|^2+\|\varsigma^{n-1}\|^2+\|\varsigma^{n-2}\|^2+\|\delta^{n-1}\|^2+\|\delta^{n-2}\|^2)\\
&+C\Delta t\sum_{n=0}^{N}\|\eta^n\|^2.
\end{aligned}
\tag{6.3.17}
$$

运用 Hölder 不等式、Young 不等式以及引理 5.3.1 和 5.3.2，可得

$$
\begin{aligned}
I_2=&\,4\Delta t\sum_{n=2}^{N}\frac{\mathcal{A}^2}{\mathcal{B}}\Psi_{\Delta t}^{1,n}\left(\frac{\partial^2}{\partial x\partial y}u,\frac{\partial^2}{\partial x\partial y}\eta^n\right)\\
\leqslant&\, C\frac{\mathcal{A}^2}{\mathcal{B}}\left\|\frac{\partial^3 u}{\partial x\partial y\partial t}\right\|_{L^2(L^2)}^2+C\Delta t\sum_{n=2}^{N}\frac{\mathcal{A}^2}{\mathcal{B}}\left\|\frac{\partial^2}{\partial x\partial y}\eta^n\right\|^2.
\end{aligned}
\tag{6.3.18}
$$

运用 Cauchy-Schwarz 不等式、Young 不等式和引理 5.3.1，可以得到

$$
\begin{aligned}
I_3 &= -4\Delta t\sum_{n=2}^{N}\Psi_{\Delta t}^{1,n}(\rho,\eta^n) \\
&\leqslant Ch^{2r}\left\|\frac{\partial u}{\partial t}\right\|_{L^\infty(H^r)}^2 + C\Delta t\sum_{n=2}^{N}\|\eta^n\|^2.
\end{aligned}
\tag{6.3.19}
$$

类似地，可推出

$$
\begin{aligned}
I_4 &= -4\Delta t\sum_{n=2}^{N}b_1\,\Delta\alpha\sum_{k=0}^{2K}c_k\,\omega(\alpha_k)\Psi_{\Delta t}^{\alpha_k,n}(\rho,\eta^n) \\
&\leqslant Ch^{2r}b_1\Delta\alpha\sum_{k=0}^{2K}c_k\,\omega(\alpha_k)\left\|{}_0^CD_t^{\alpha_k}u\right\|_{L^\infty(H^r)}^2 \\
&\quad +C\Delta t\sum_{n=2}^{N}b_1\,\Delta\alpha\sum_{k=0}^{2K}c_k\,\omega(\alpha_k)\left\|E_{1\alpha_k}^{n-\theta}\right\|^2 + C\Delta t\sum_{n=2}^{N}b_1\,\Delta\alpha\sum_{k=0}^{2K}c_k\,\omega(\alpha_k)\|\eta^n\|^2.
\end{aligned}
\tag{6.3.20}
$$

根据投影可知

$$
I_5 = -4\Delta t\sum_{n=2}^{N}\left(a\nabla\rho^{n-\theta},\nabla\eta^n\right) = 0. \tag{6.3.21}
$$

根据 Hölder 不等式、Young 不等式以及引理5.3.1和5.3.2，有

$$
\begin{aligned}
I_6 &= -4\Delta t\sum_{n=2}^{N}\frac{\mathcal{A}^2}{\mathcal{B}}\Psi_{\Delta t}^{1,n}\left(\frac{\partial^2}{\partial x\partial y}\rho,\frac{\partial^2}{\partial x\partial y}\eta^n\right) \\
&\leqslant C\frac{\mathcal{A}^2}{\mathcal{B}}\int_0^T\left\|\frac{\partial^3}{\partial x\partial y\partial t}\rho(s)\right\|^2 ds + C\Delta t\sum_{n=2}^{N}\frac{\mathcal{A}^2}{\mathcal{B}}\left\|\frac{\partial^2}{\partial x\partial y}\eta^n\right\|^2 \\
&\leqslant Ch^{2r-4}\frac{\mathcal{A}^2}{\mathcal{B}}\left\|\frac{\partial u}{\partial t}\right\|_{L^2(H^r)}^2 + C\Delta t\sum_{n=2}^{N}\frac{\mathcal{A}^2}{\mathcal{B}}\left\|\frac{\partial^2}{\partial x\partial y}\eta^n\right\|^2.
\end{aligned}
\tag{6.3.22}
$$

I_7是截断误差之和，可以得到

$$
\begin{aligned}
I_7 &= 4\Delta t\sum_{n=2}^{N}\left(E_{11}^{n-\theta}+E_{1\alpha}^{n-\theta}+E_2^{n-\theta}+E_3^{n-\theta}+E_{4\alpha}^{n-\theta}+E_5^{n-\theta},\eta^n\right) \\
&\leqslant C\Delta t\sum_{n=2}^{N}\left(\Delta t^4+\Delta\alpha^4+\|\eta^n\|^2\right).
\end{aligned}
\tag{6.3.23}
$$

最后，估计$I_8 = \|\eta^1\|^2 + \frac{\mathcal{A}^2}{\mathcal{B}}\left\|\frac{\partial^2}{\partial x\partial y}\eta^1\right\|^2$.

联立式（6.2.3）和式（6.2.7）并运用式（6.3.10），得到当$n=1$时的误差方程为

$$
(a)\Psi_{\Delta t}^{1,1}(\eta,w_h) + b_1\Delta\alpha\sum_{k=0}^{2K}c_k\,\omega(\alpha_k)\Psi_{\Delta t}^{\alpha_k,1}(\eta,w_h) + \left(a\nabla\eta^{1-\theta},\nabla w_h\right)
$$

$$
\begin{aligned}
&+\frac{\mathcal{A}^2}{\mathcal{B}}\Psi_{\Delta t}^{1,1}\left(\frac{\partial^2}{\partial x\partial y}\eta,\frac{\partial^2}{\partial x\partial y}w_h\right)\\
&=(f(u^0,v^0)-f(u_h^0,v_h^0),w_h)+\frac{\mathcal{A}^2}{\mathcal{B}}\Psi_{\Delta t}^{1,1}\left(\frac{\partial^2}{\partial x\partial y}u,\frac{\partial^2}{\partial x\partial y}w_h\right)\\
&-\Psi_{\Delta t}^{1,1}(\rho,w_h)-b_1\Delta\alpha\sum_{k=0}^{2K}c_k\,\omega(\alpha_k)\Psi_{\Delta t}^{\alpha_k,1}(\rho,w_h)-\left(a\nabla\rho^{1-\theta},\nabla w_h\right)\\
&-\frac{\mathcal{A}^2}{\mathcal{B}}\Psi_{\Delta t}^{1,1}\left(\frac{\partial^2}{\partial x\partial y}\rho,\frac{\partial^2}{\partial x\partial y}w_h\right)\\
&+\left(E_{11}^{1-\theta}+E_{1\alpha}^{1-\theta}+E_2^{1-\theta}+E_3^{1-\theta}+E_{4\alpha}^{1-\theta}+E_5^{1-\theta},w_h\right),\forall w_h\in W_h,
\end{aligned}
\tag{6.3.24}
$$

$$
\begin{aligned}
&(b)\Psi_{\Delta t}^{1,1}(\delta,z_h)+b_2\Delta\beta\sum_{k=0}^{2K}c_k\,\omega(\beta_k)\Psi_{\Delta t}^{\beta_k,1}(\delta,z_h)+\left(c\nabla\delta^{1-\theta},\nabla z_h\right)\\
&+\frac{\mathcal{C}^2}{\mathcal{E}}\Psi_{\Delta t}^{1,1}\left(\frac{\partial^2}{\partial x\partial y}\delta,\frac{\partial^2}{\partial x\partial y}z_h\right)\\
&=(g(u^0,v^0)-g(u_h^0,v_h^0),z_h)+\frac{\mathcal{C}^2}{\mathcal{E}}\Psi_{\Delta t}^{1,1}\left(\frac{\partial^2}{\partial x\partial y}v,\frac{\partial^2}{\partial x\partial y}z_h\right)\\
&-\Psi_{\Delta t}^{1,1}(\varsigma,z_h)-b_2\Delta\beta\sum_{k=0}^{2K}c_k\,\omega(\beta_k)\Psi_{\Delta t}^{\beta_k,1}(\varsigma,z_h)-\left(c\nabla\varsigma^{1-\theta},\nabla z_h\right)\\
&-\frac{\mathcal{C}^2}{\mathcal{E}}\Psi_{\Delta t}^{1,1}\left(\frac{\partial^2}{\partial x\partial y}\varsigma,\frac{\partial^2}{\partial x\partial y}z_h\right)\\
&+\left(E_{11}^{1-\theta}+E_{1\beta}^{1-\theta}+E_2^{1-\theta}+E_3^{1-\theta}+E_{4\beta}^{1-\theta}+E_5^{1-\theta},z_h\right),\forall z_h\in W_h.
\end{aligned}
\tag{6.3.25}
$$

分别令式（6.3.24）和式（6.3.25）中 $w_h=\eta^1,z_h=\delta^1$，并运用引理2.5.21、2.5.23和2.5.24，有

$$
\begin{aligned}
&(a)\|\eta^1\|^2+\frac{\mathcal{A}^2}{\mathcal{B}}\left\|\frac{\partial^2}{\partial x\partial y}\eta^1\right\|^2\\
&\leqslant 4\Delta t(f(u^0,v^0)-f(u_h^0,v_h^0),\eta^1)+4\Delta t\frac{\mathcal{A}^2}{\mathcal{B}}\Psi_{\Delta t}^{1,1}\left(\frac{\partial^2}{\partial x\partial y}u,\frac{\partial^2}{\partial x\partial y}\eta^1\right)\\
&-4\Delta t\Psi_{\Delta t}^{1,1}(\rho,\eta^1)-4\Delta t b_1\Delta\alpha\sum_{k=0}^{2K}c_k\,\omega(\alpha_k)\Psi_{\Delta t}^{\alpha_k,1}(\rho,\eta^1)-4\Delta t\left(a\nabla\rho^{1-\theta},\nabla\eta^1\right)\\
&-4\Delta t\frac{\mathcal{A}^2}{\mathcal{B}}\Psi_{\Delta t}^{1,1}\left(\frac{\partial^2}{\partial x\partial y}\rho,\frac{\partial^2}{\partial x\partial y}\eta^1\right)+\|\eta^0\|^2+\frac{\mathcal{A}^2}{\mathcal{B}}\left\|\frac{\partial^2}{\partial x\partial y}\eta^0\right\|^2\\
&+4\Delta t\left(E_{11}^{1-\theta}+E_{1\alpha}^{1-\theta}+E_2^{1-\theta}+E_3^{1-\theta}+E_{4\alpha}^{1-\theta}+E_5^{1-\theta},\eta^1\right),
\end{aligned}
\tag{6.3.26}
$$

$$
\begin{aligned}
&(b)\|\delta^1\|^2+\frac{\mathcal{C}^2}{\mathcal{E}}\left\|\frac{\partial^2}{\partial x\partial y}\delta^1\right\|^2\\
&\leqslant 4\Delta t(g(u^0,v^0)-g(u_h^0,v_h^0),\delta^1)+4\Delta t\frac{\mathcal{C}^2}{\mathcal{E}}\Psi_{\Delta t}^{1,1}\left(\frac{\partial^2}{\partial x\partial y}v,\frac{\partial^2}{\partial x\partial y}\delta^1\right)
\end{aligned}
$$

$$
\begin{aligned}
&-4\Delta t\Psi_{\Delta t}^{1,1}(\varsigma,\delta^1)-4\Delta t b_2\Delta\beta\sum_{k=0}^{2K}c_k\,\omega(\beta_k)\Psi_{\Delta t}^{\beta_k,1}(\varsigma,\delta^1)-4\Delta t\big(c\nabla\varsigma^{1-\theta},\nabla\delta^1\big)\\
&-4\Delta t\frac{\mathcal{C}^2}{\mathcal{E}}\Psi_{\Delta t}^{1,1}\left(\frac{\partial^2}{\partial x\partial y}\varsigma,\frac{\partial^2}{\partial x\partial y}\delta^1\right)+\|\delta^0\|^2+\frac{\mathcal{C}^2}{\mathcal{E}}\left\|\frac{\partial^2}{\partial x\partial y}\delta^0\right\|^2 \qquad (6.3.27)\\
&+4\Delta t\big(E_{11}^{1-\theta}+E_{1\beta}^{1-\theta}+E_2^{1-\theta}+E_3^{1-\theta}+E_{4\beta}^{1-\theta}+E_5^{1-\theta},\delta^1\big).
\end{aligned}
$$

采用与式（6.3.17）~（6.3.23）相似的估计过程，并运用 Cauchy-Schwarz 不等式和 Young 不等式，可得

$$
\begin{aligned}
&(a)\|\eta^1\|^2+\frac{\mathcal{A}^2}{\mathcal{B}}\left\|\frac{\partial^2}{\partial x\partial y}\eta^1\right\|^2\\
&\leqslant C\Delta t(\|\rho^0\|^2+\|\eta^0\|^2+\|\varsigma^0\|^2+\|\delta^0\|^2)+C\Delta t\|\eta^1\|^2+C\frac{\mathcal{A}^2}{\mathcal{B}}\left\|\frac{\partial^3 u}{\partial x\partial y\partial t}\right\|_{L^2(L^2)}^2\\
&\quad+C\Delta t\frac{\mathcal{A}^2}{\mathcal{B}}\left\|\frac{\partial^2}{\partial x\partial y}\eta^1\right\|^2+Ch^{2r}\left\|\frac{\partial u}{\partial t}\right\|_{L^\infty(H^r)}^2+C\Delta t\|\eta^1\|^2 \qquad (6.3.28)\\
&\quad+Ch^{2r}b_1\Delta\alpha\sum_{k=0}^{2K}c_k\,\omega(\alpha_k)\left\|{}_0^C D_t^{\alpha_k}u\right\|_{L^\infty(H^r)}^2+C\Delta t\Delta\alpha b_1\sum_{k=0}^{2K}c_k\,\omega(\alpha_k)\left\|E_{1\alpha_k}^{1-\theta}\right\|^2\\
&\quad+C\Delta t b_1\Delta\alpha\sum_{k=0}^{2K}c_k\,\omega(\alpha_k)\|\eta^1\|^2+Ch^{2r-4}\frac{\mathcal{A}^2}{\mathcal{B}}\left\|\frac{\partial u}{\partial t}\right\|_{L^2(H^r)}^2+C\Delta t\frac{\mathcal{A}^2}{\mathcal{B}}\left\|\frac{\partial^2}{\partial x\partial y}\eta^1\right\|^2\\
&\quad+C\Delta t(\Delta t^4+\Delta\alpha^4+\|\eta^1\|^2)+\|\eta^0\|^2+\frac{\mathcal{A}^2}{\mathcal{B}}\left\|\frac{\partial^2}{\partial x\partial y}\eta^0\right\|^2,
\end{aligned}
$$

$$
\begin{aligned}
&(b)\|\delta^1\|^2+\frac{\mathcal{C}^2}{\mathcal{E}}\left\|\frac{\partial^2}{\partial x\partial y}\delta^1\right\|^2\\
&\leqslant C\Delta t(\|\rho^0\|^2+\|\eta^0\|^2+\|\varsigma^0\|^2+\|\delta^0\|^2)+C\Delta t\|\delta^1\|^2+C\frac{\mathcal{C}^2}{\mathcal{E}}\left\|\frac{\partial^3 v}{\partial x\partial y\partial t}\right\|_{L^2(L^2)}^2\\
&\quad+C\Delta t\frac{\mathcal{C}^2}{\mathcal{E}}\left\|\frac{\partial^2}{\partial x\partial y}\delta^1\right\|^2+Ch^{2r}\left\|\frac{\partial v}{\partial t}\right\|_{L^\infty(H^r)}^2+C\Delta t\|\delta^1\|^2 \qquad (6.3.29)\\
&\quad+Ch^{2r}b_2\Delta\beta\sum_{k=0}^{2K}c_k\,\omega(\beta_k)\left\|{}_0^C D_t^{\beta_k}v\right\|_{L^\infty(H^r)}^2+C\Delta t b_2\Delta\beta\sum_{k=0}^{2K}c_k\,\omega(\beta_k)\left\|E_{1\beta_k}^{1-\theta}\right\|^2\\
&\quad+C\Delta t b_2\Delta\beta\sum_{k=0}^{2K}c_k\,\omega(\beta_k)\|\delta^1\|^2+C\frac{\mathcal{C}^2}{\mathcal{E}}h^{2r-4}\left\|\frac{\partial v}{\partial t}\right\|_{L^2(H^r)}^2+C\Delta t\frac{\mathcal{C}^2}{\mathcal{E}}\left\|\frac{\partial^2}{\partial x\partial y}\delta^1\right\|^2\\
&\quad+C\Delta t(\Delta t^4+\Delta\alpha^4+\|\delta^1\|^2)+\|\delta^0\|^2+\frac{\mathcal{C}^2}{\mathcal{E}}\left\|\frac{\partial^2}{\partial x\partial y}\delta^0\right\|^2.
\end{aligned}
$$

将式（6.3.17）~（6.3.23）和式（6.3.28）代入式（6.3.15）中，并运用 Gronwall

引理，可以得到

$$
\begin{aligned}
&(a)\|\eta^N\|^2+\frac{\mathcal{A}^2}{\mathcal{B}}\left\|\frac{\partial^2}{\partial x\partial y}\eta^N\right\|^2\\
&\quad\leqslant C\Delta t\sum_{n=0}^{N}(\|\rho^n\|^2+\|\varsigma^n\|^2+\|\delta^n\|^2)+C\frac{\mathcal{A}^2}{\mathcal{B}}\left\|\frac{\partial^3 u}{\partial x\partial y\partial t}\right\|_{L^2(L^2)}^2\\
&\quad\quad+Ch^{2r}\left\|\frac{\partial u}{\partial t}\right\|_{L^\infty(H^r)}^2+Ch^{2r}\max_{0\leqslant k\leqslant 2K}\left\|{}_0^CD_t^{\alpha_k}u\right\|_{L^\infty(H^r)}^2\\
&\quad\quad+Ch^{2r-4}\frac{\mathcal{A}^2}{\mathcal{B}}\left\|\frac{\partial u}{\partial t}\right\|_{L^2(H^r)}^2+C\Delta t\sum_{n=1}^{N}(\Delta t^4+\Delta\alpha^4)+C\|\eta^0\|^2\\
&\quad\quad+C\frac{\mathcal{A}^2}{\mathcal{B}}\left\|\frac{\partial^2}{\partial x\partial y}\eta^0\right\|^2.
\end{aligned}
\tag{6.3.30}
$$

类似地，方程（6.3.16）可写为以下形式

$$
\begin{aligned}
&(b)\|\delta^N\|^2+\frac{\mathcal{C}^2}{\mathcal{E}}\left\|\frac{\partial^2}{\partial x\partial y}\delta^N\right\|^2\\
&\leqslant C\Delta t\sum_{n=0}^{N}(\|\rho^n\|^2+\|\varsigma^n\|^2+\|\eta^n\|^2)+C\frac{\mathcal{C}^2}{\mathcal{E}}\left\|\frac{\partial^3 v}{\partial x\partial y\partial t}\right\|_{L^2(L^2)}^2\\
&\quad+Ch^{2r}\left\|\frac{\partial v}{\partial t}\right\|_{L^\infty(H^r)}^2+Ch^{2r}\max_{0\leqslant k\leqslant 2K}\left\|{}_0^CD_t^{\beta_k}v\right\|_{L^\infty(H^r)}^2\\
&\quad+Ch^{2r-4}\frac{\mathcal{C}^2}{\mathcal{E}}\left\|\frac{\partial v}{\partial t}\right\|_{L^2(H^r)}^2+C\Delta t\sum_{n=1}^{N}(\Delta t^4+\Delta\beta^4)\\
&\quad+C\|\delta^0\|^2+C\frac{\mathcal{C}^2}{\mathcal{E}}\left\|\frac{\partial^2}{\partial x\partial y}\delta^0\right\|^2.
\end{aligned}
\tag{6.3.31}
$$

将式（6.3.30）和式（6.3.31）相加，并运用引理 5.3.1、Gronwall 引理和式（6.3.7），可以推出

$$
\begin{aligned}
&\|\eta^N\|^2+\|\delta^N\|^2\\
&\leqslant C\left(h^{2r}\|u\|_{L^\infty(H^r)}^2+h^{2r}\left\|\frac{\partial u}{\partial t}\right\|_{L^\infty(H^r)}^2+\Delta t^2|\ln\Delta t|\left\|\frac{\partial^3 u}{\partial x\partial y\partial t}\right\|_{L^2(L^2)}^2\right.\\
&\quad+h^{2r-4}\Delta t^2|\ln\Delta t|\left\|\frac{\partial u}{\partial t}\right\|_{L^2(H^r)}^2+h^{2r}+\Delta t^4+\Delta\alpha^4+\Delta\beta^4\\
&\quad+h^{2r}\|v\|_{L^\infty(H^r)}^2+h^{2r}\left\|\frac{\partial v}{\partial t}\right\|_{L^\infty(H^r)}^2+\Delta t^2|\ln\Delta t|\left\|\frac{\partial^3 v}{\partial x\partial y\partial t}\right\|_{L^2(L^2)}^2\\
&\quad\left.+h^{2r-4}\Delta t^2|\ln\Delta t|\left\|\frac{\partial v}{\partial t}\right\|_{L^2(H^r)}^2\right).
\end{aligned}
\tag{6.3.32}
$$

应用三角不等式，完成了误差估计定理 6.3.2 的证明.

6.4 数值算例

下面给出数值算例来验证理论结果的正确性.

例 6.4.1 在二维空间 $[0,1]^2\times\left[0,\frac{1}{2}\right]$ 上分别取非线性项 $f(u,v)=u^2-v$, $g(u,v)=v-u^2$，源项

$$\begin{aligned}\bar{f}(x,y,t)&=\left(3t^2+\frac{6(t^3-t^2)}{\ln t}+8\pi^2\right)\sin(2\pi x)(\sin 2\pi y)\\&\quad-(t^3\sin(2\pi x)\sin(2\pi y))^2+t^3\sin(4\pi x)\sin(4\pi y),\\\bar{g}(x,y,t)&=\left(3t^2+\frac{6(t^3-t^2)}{\ln t}+32\pi^2\right)\sin(4\pi x)(\sin 4\pi y)\\&\quad+(t^3\sin(2\pi x)\sin(2\pi y))^2-t^3\sin(4\pi x)\sin(4\pi y),\end{aligned}\tag{6.4.1}$$

则相应的精确解为

$$u=t^3\sin(2\pi x)\sin(2\pi y),v=t^3\sin(4\pi x)\sin(4\pi y).\tag{6.4.2}$$

在表6.1中，取 $\Delta\alpha=\Delta\beta=\frac{1}{500}$，时间参数 $\Delta t=\frac{1}{200}$，变化的空间步长 $h_x=h_y=\frac{1}{9},\frac{1}{16},\frac{1}{25}$，参数 $\theta=\frac{1}{16},\frac{1}{4},\frac{1}{2}$ 时，给出了 u 和 v 的误差估计结果、空间收敛阶和计算时间. 从表中可以看到空间收敛阶达到了二阶，这与理论分析结果一致. 在表 6.2 中，给出了 $\Delta\alpha=\Delta\beta=\Delta t=h_x=h_y=\frac{1}{20},\frac{1}{40}$ 或 $\frac{1}{80}$，参数 $\theta=\frac{1}{16},\frac{1}{4},\frac{1}{2}$ 时的时空收敛阶. 数据结果表明，基于 SFTR 的 ADI 有限元算法可以有效地数值求解非线性时间分布阶反应扩散耦合系统.

表 6.1 当 $\Delta\alpha=\Delta\beta=\frac{1}{500}$, $\Delta t=\frac{1}{200}$, $h_x=h_y$ 时，空间方向的误差和收敛阶

θ	$h_x=h_y$	$\|u-u_h\|$	收敛阶	$\|v-v_h\|$	收敛阶	CPU –时间（秒）
$\frac{1}{16}$	$\frac{1}{9}$	2.9808E – 03	–	1.1307E – 02	–	8.09559
	$\frac{1}{16}$	9.0634E – 04	2.0692	3.2889E – 03	2.1462	30.91942
	$\frac{1}{25}$	3.5069E – 04	2.1276	1.2392E – 03	2.1872	108.57762

续 表

θ	$h_x = h_y$	$\|u - u_h\|$	收敛阶	$\|v - v_h\|$	收敛阶	CPU –时间（秒）
$\frac{1}{4}$	$\frac{1}{9}$	2.9759E – 03	–	1.1281E – 02	–	7.76668
	$\frac{1}{16}$	9.0174E – 04	2.0752	3.2681E – 03	2.1532	32.38738
	$\frac{1}{25}$	3.4616E – 04	2.1453	1.2196E – 03	2.2086	103.00072
$\frac{1}{2}$	$\frac{1}{9}$	2.9834E – 03	–	1.1329E – 02	–	7.86084
	$\frac{1}{16}$	9.0868E – 04	2.0662	3.3067E – 03	2.1402	32.16251
	$\frac{1}{25}$	3.5297E – 04	2.1189	1.2559E – 03	2.1693	103.76956

表 6.2　当$\Delta\alpha = \Delta\beta = \Delta t = h_x = h_y$时，时空收敛阶和误差估计

θ	$h_x = h_y$	$\|u - u_h\|$	收敛阶	$\|v - v_h\|$	收敛阶	CPU –时间（秒）
$\frac{1}{16}$	$\frac{1}{20}$	1.9838E – 03	–	8.7889E – 03	–	1.36308
	$\frac{1}{40}$	5.5628E – 04	1.8344	2.5706E – 03	1.7736	21.80706
	$\frac{1}{80}$	1.5061E – 04	1.8850	7.0191E – 04	1.8727	880.74465
$\frac{1}{4}$	$\frac{1}{20}$	2.2917E – 03	–	9.9018E – 03	–	1.38016
	$\frac{1}{40}$	6.4764E – 04	1.8232	2.9430E – 03	1.7504	21.76400
	$\frac{1}{80}$	1.7604E – 04	1.8793	8.0817E – 04	1.8646	913.07979
$\frac{1}{2}$	$\frac{1}{20}$	1.7107E – 03	–	7.4709E – 03	–	1.35136
	$\frac{1}{40}$	4.9020E – 04	1.8032	2.1910E – 03	1.7697	22.09342
	$\frac{1}{80}$	1.3514E – 04	1.8590	6.0342E – 04	1.8604	901.10197

为了展示精确解和数值解的图像表现情况，图6.1中给出了当$t = 0.5, h_x = h_y = \frac{1}{100}$时，精确解$u$的表面图；在图6.2～图6.5中给出了当$\Delta\alpha = \Delta\beta = \frac{1}{600}$，$\Delta t = \frac{1}{200}$，$\theta = \frac{1}{2}$，$h_x = h_y = \frac{1}{9}, \frac{1}{16}, \frac{1}{25}, \frac{1}{36}$时的数值解$u_h$的表面图．在图6.6中，给出了当$t = 0.5, h_x = h_y = \frac{1}{100}$时，精确解$v$的表面图；在图6.7～图6.10中给出了当$\Delta\alpha = \Delta\beta = \frac{1}{600}$，$\Delta t = \frac{1}{200}, \theta = \frac{1}{2}$，$h_x = h_y = \frac{1}{9}, \frac{1}{16}, \frac{1}{25}, \frac{1}{36}$时的数值解$v_h$的表面

图. 根据图像可以看出，本书所构造的数值方法可以有效地求解非线性时间分布阶反应扩散耦合系统.

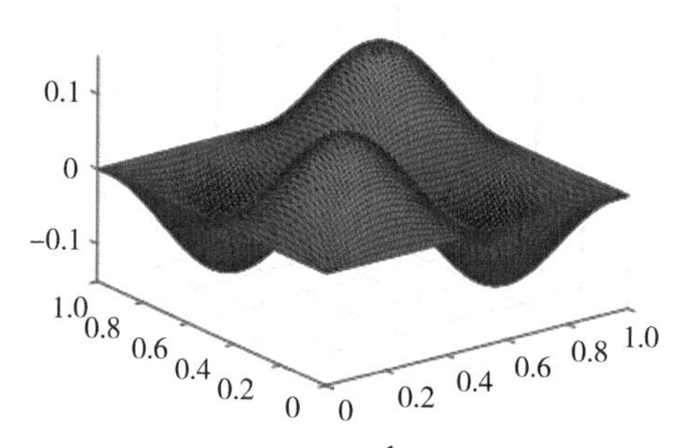

图 6.1　当$t=0.5, h_x=h_y=\dfrac{1}{200}$时，精确解 u 的表面图

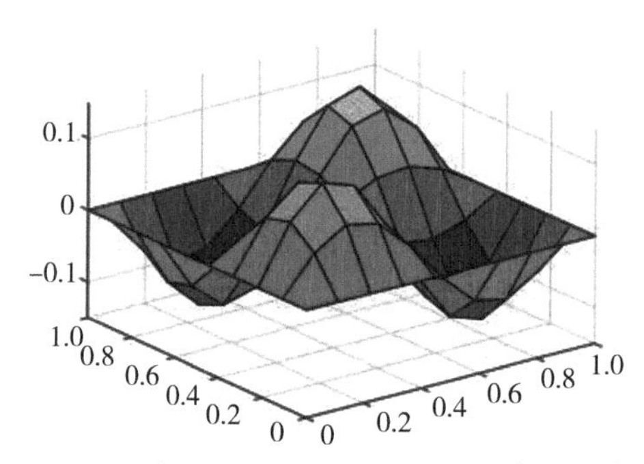

图 6.2　当 $\Delta\alpha=\Delta\beta=\dfrac{1}{600}, \Delta t=\dfrac{1}{200}, h_x=h_y=\dfrac{1}{9}, \theta=\dfrac{1}{2}$ 时的数值解u_h

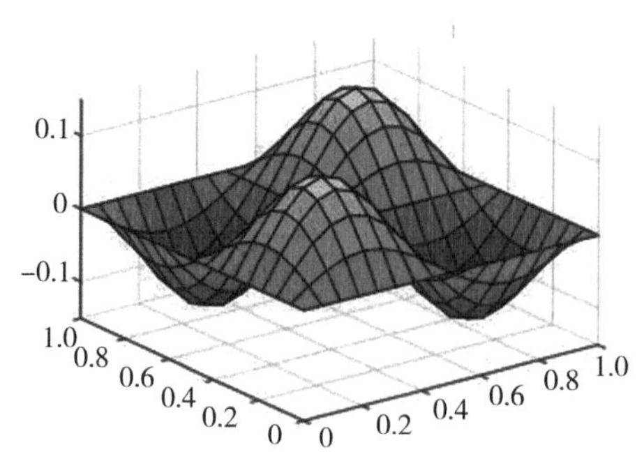

图 6.3　当 $\Delta\alpha=\Delta\beta=\dfrac{1}{600}, \Delta t=\dfrac{1}{200}, h_x=h_y=\dfrac{1}{16}, \theta=\dfrac{1}{2}$ 时的数值解u_h

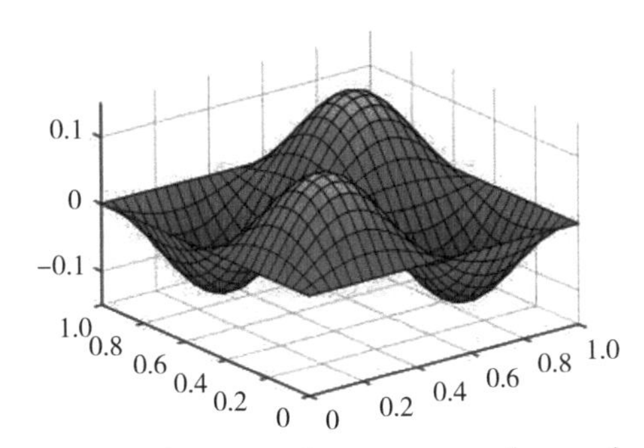

图 6.4　当 $\Delta\alpha=\Delta\beta=\frac{1}{600},\Delta t=\frac{1}{200},h_x=h_y=\frac{1}{25},\theta=\frac{1}{2}$时的数值解$u_h$

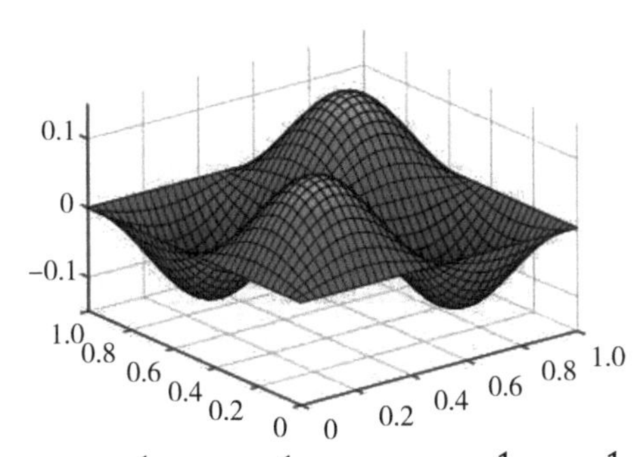

图 6.5　当 $\Delta\alpha=\Delta\beta=\frac{1}{600},\Delta t=\frac{1}{200},h_x=h_y=\frac{1}{36},\theta=\frac{1}{2}$时的数值解$u_h$

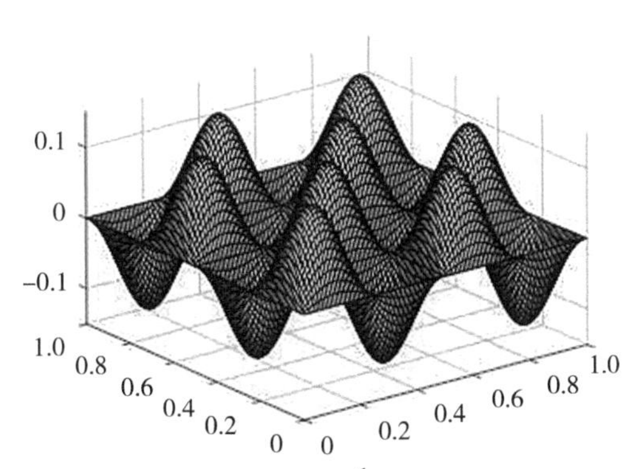

图 6.6　当$t=0.5,h_x=h_y=\frac{1}{100}$时，精确解 v 的表面图

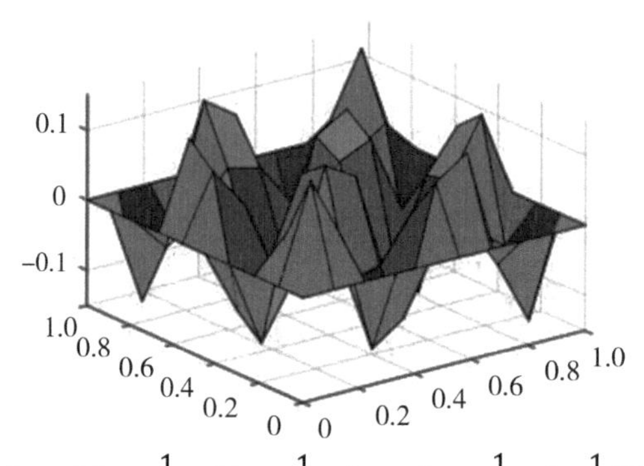

图 6.7　当 $\Delta\alpha=\Delta\beta=\frac{1}{600},\Delta t=\frac{1}{200},h_x=h_y=\frac{1}{9},\theta=\frac{1}{2}$ 时的数值解v_h

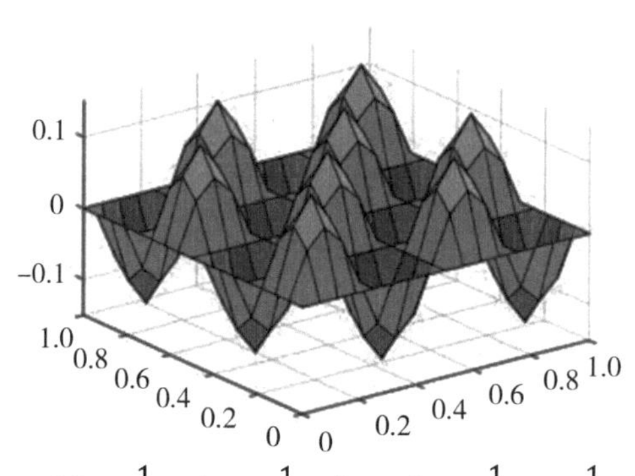

图 6.8　当 $\Delta\alpha=\Delta\beta=\frac{1}{600},\Delta t=\frac{1}{200},h_x=h_y=\frac{1}{16},\theta=\frac{1}{2}$ 时的数值解v_h

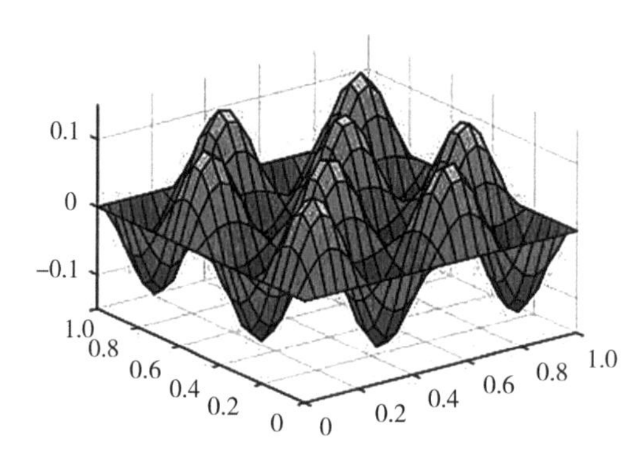

图 6.9　当 $\Delta\alpha=\Delta\beta=\frac{1}{600},\Delta t=\frac{1}{200},h_x=h_y=\frac{1}{25},\theta=\frac{1}{2}$ 时的数值解v_h

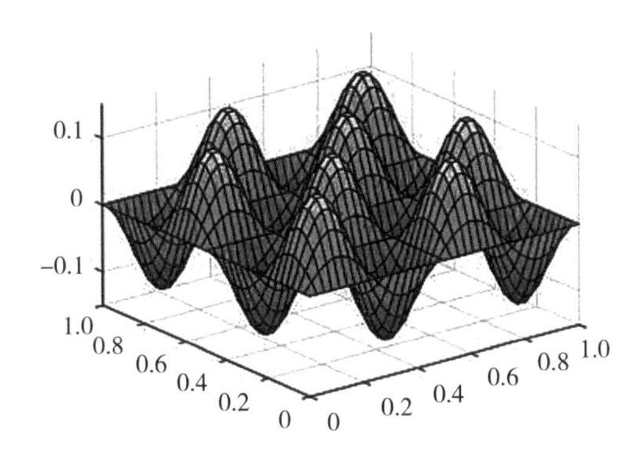

图 6.10 当 $\Delta\alpha=\Delta\beta=\frac{1}{600}$, $\Delta t=\frac{1}{200}$, $h_x=h_y=\frac{1}{36}$, $\theta=\frac{1}{2}$ 时的数值解 v_h

6.5 结果讨论

本章构造了一种基于 SFTR 的 ADI 有限元算法用来数值求解非线性时间分布阶反应扩散耦合系统. 时间分布阶导数利用数值求积公式结合 SFTR 离散，进一步形成ADI 有限元全离散格式. 同时证明了格式的稳定性，并对未知函数 u 和 v 进行了详细的误差估计，得到了空间方向最优收敛阶. 最后通过数值算例证明了格式的有效性和可行性. 与传统的有限元方法相比，本章应用的方法不仅可以降低空间维数，还可以减少计算量，提高计算效率. 因此该算法值得进一步研究，可以推广应用至求解非线性空间和时空分布阶偏微分方程及耦合系统.

本章，我们继续讨论耦合问题，构造一种求解非线性时间分布阶反应扩散耦合系统的基于二阶 θ 格式的有限元（FEM）算法.

7 非线性时间分布阶反应扩散耦合系统的二阶θ格式的有限元算法

7.1 引言

考虑非线性时间分布阶反应扩散耦合系统的初边值问题：

$$\begin{aligned}&u_t(x,y,t)+\mathcal{D}_t^{\omega,\alpha}u(x,y,t)-\Delta u(x,y,t)+f_1(u,v)=g_1(x,y,t),(x,y)\in\Omega,t\in J,\\&v_t(x,y,t)+\mathcal{D}_t^{\omega,\beta}v(x,y,t)-\Delta v(x,y,t)+f_2(u,v)=g_2(x,y,t),(x,y)\in\Omega,t\in J,\\&u(x,y,t)=v(x,y,t)=0,(x,y)\in\partial\Omega,t\in\bar{J},\\&u(x,y,0)=u^0(x,y),v(x,y,0)=v^0(x,y),(x,y)\in\bar{\Omega}.\end{aligned}\tag{7.1.1}$$

其中，$\Omega=(0,1)$，$J=(0,T]$，非线性项 $f_1(u,v)$，$f_2(u,v)$ 是关于u和v的不含常数项的两个不同的二次多项式．$u^0(x,y),v^0(x,y),g_1(x,y,t),g_2(x,y,t)$ 都是给定的已知函数．分布阶导数 $\mathcal{D}_t^{\omega}p(x,t)$ 的定义为

$$\mathcal{D}_t^{\omega,\gamma}p(x,t)=\int_0^1\omega(\gamma)\,{}_0^CD_t^\gamma p(x,y,t)d\gamma,\tag{7.1.2}$$

其中 $\omega(\gamma)\geqslant 0,\int_0^1\omega(\gamma)d\gamma=C_0>0$ 且

$${}_0^CD_t^\gamma p(x,y,t)=\begin{cases}\frac{1}{\Gamma(1-\gamma)}\int_0^t(t-\tau)^{-\gamma}\frac{\partial p}{\partial\tau}(x,y,\tau)d\tau,\ 0\leqslant\gamma<1,\\p_t(x,y,t),\gamma=1.\end{cases}\tag{7.1.3}$$

本章的主要目的是使用基于二阶 θ 格式的FEM求解时间分布阶非线性反应扩散耦合模型．时间分布阶导数使用二阶 θ 格式结合数值求积公式逼近，空间方向使用有限元方法离散，进一步形成全离散格式．证明了格式的稳定性以及两个函数u和v的最优误差估计结果．最后通过数值算例验证了格式的有效性．

本章主要分为5个部分，具体安排如下：在7.2节，给出了耦合系统的有限元离散格式；在7.3节，证明了格式的稳定性和误差估计结果；在7.4节，通过数值算例验证了格式的正确性；在7.5节，分析总结了非线性时间分布阶反应扩散耦合系统的二阶 θ 格式的有限元算法．

7.2 有限元格式

引入 $\{u,v\}:[0,T]\to H_0^1\times H_0^1$，因此模型（7.1.1）在时间 $t=t_{n-1+\theta}$处的弱形式可以重新写为

$$\begin{aligned}&(a)\ (u_t(t_{n-1+\theta}),w)+(\mathcal{D}_t^{\omega,\alpha}u(t_{n-1+\theta}),w)+(\nabla u(t_{n-1+\theta}),\nabla w)\\&=-\big(f_1\big(u(t_{n-1+\theta}),v(t_{n-1+\theta})\big),w\big)+(g_1(t_{n-1+\theta}),w),w\in H_0^1,\\&(b)\ (v_t(t_{n-1+\theta}),z)+\left(\mathcal{D}_t^{\omega,\beta}v(t_{n-1+\theta}),z\right)+(\nabla v(t_{n-1+\theta}),\nabla z)\\&=-\big(f_2\big(u(t_{n-1+\theta}),v(t_{n-1+\theta})\big),z\big)+(g_2(t_{n-1+\theta}),z),z\in H_0^1.\end{aligned}\tag{7.2.1}$$

假设 $s(\gamma)\in C^2[0,1]$, 令 $s(\gamma)=\omega(\gamma)_0^CD_t^\gamma u$, 则根据引理2.5.1，有

$$\mathcal{D}_t^{\omega,\gamma}u=\Delta\alpha\sum_{i=0}^{2I}c_i\omega(\gamma_i)_0^CD_t^{\gamma_i}u-R_{1\gamma},\tag{7.2.2}$$

其中, $R_{1\gamma}=O(\Delta\gamma^2)$.

应用引理2.5.2和引理3.2.4以及式（7.2.1）和式（7.2.2)，可写为

当 $n=1$时,

$$\begin{aligned}&(a)\ (\partial_t[u^1],w)+(\tilde{\kappa}_{0\alpha}^1(u^1-u^0),w)+\left(\nabla u^\theta,\nabla w\right)\\&=-(f_1(u^0,v^0),w)+\left(g_1^\theta,w\right)+\left(\sum_{l=1}^4R_l^\theta+\sum_{l=5}^6R_{l\alpha}^\theta,w\right),\forall w\in H_0^1,\\&(b)\ (\partial_t[v^1],z)+\left(\tilde{\kappa}_{0\beta}^1(v^1-v^0),z\right)+\left(\nabla v^\theta,\nabla z\right)\\&=-(f_2(u^0,v^0),z)+\left(g_2^\theta,z\right)+\left(\sum_{l=1}^4R_l^\theta+\sum_{l=5}^6R_{l\beta}^\theta,z\right),\forall z\in H_0^1.\end{aligned}\tag{7.2.3}$$

当 $n\geqslant 2$时,

$$\begin{aligned}&(a)\ \left(\partial_t\big[u^{n-1+\theta}\big],w\right)+\left(\sum_{k=0}^{n-1}\tilde{\kappa}_{k\alpha}^n\,(u^{n-k}-u^{n-k-1}),w\right)+\left(\nabla u^{n-1+\theta},\nabla w\right)\\&=-\left(f_1\big[u^{n-1+\theta},v^{n-1+\theta}\big],w\right)+\left(g_1^{n-1+\theta},w\right)+\left(\sum_{l=1}^4R_l^{n-1+\theta}+\sum_{l=5}^6R_{l\alpha}^{n-1+\theta},w\right),\forall w\in H_0^1\\&(b)\ \left(\partial_t\big[v^{n-1+\theta}\big],z\right)+\left(\sum_{k=0}^{n-1}\tilde{\kappa}_{k\beta}^n\,(v^{n-k}-v^{n-k-1}),z\right)+\left(\nabla v^{n-1+\theta},\nabla z\right)\\&=-\left(f_2\big[u^{n-1+\theta},v^{n-1+\theta}\big],z\right)+\left(g_2^{n-1+\theta},z\right)+\left(\sum_{l=1}^4R_l^{n-1+\theta}+\sum_{l=5}^6R_{l\beta}^{n-1+\theta},z\right),\forall z\in H_0^1.\end{aligned}\tag{7.2.4}$$

其中，

$$
\begin{aligned}
&R_1^{n-1+\theta}=\partial_t\left[u^{n-1+\theta}\right]-\frac{\partial u}{\partial t}(t_{n-1+\theta})=O(\Delta t^2),\\
&R_1^{\theta}=\frac{u^1-u^0}{\tau}-\frac{\partial u}{\partial t}(t_\theta)\triangleq\partial_t[u^1]-\frac{\partial u}{\partial t}(t_\theta)=O(\Delta t),\\
&R_2^{n-1+\theta}=\nabla u^{n-1+\theta}-\nabla u(t_{n-1+\theta})=O(\tau^2),R_2^{\theta}=\nabla u^{\theta}-\nabla u(t_\theta)=O(\Delta t),\\
&R_3^{n-1+\theta}=f\big(u(t_{n-1+\theta}),v(t_{n-1+\theta})\big)-f\left[u^{n-1+\theta},v^{n-1+\theta}\right]=O(\Delta t^2),\\
&R_3^{\theta}=f\big(u^{\theta},v^{\theta}\big)-f\big(u^0,v^0\big)=O(\tau),\\
&R_4^{n-1+\theta}=g^{n-1+\theta}-g(t_{n-1+\theta})=O(\tau^2),R_4^{\theta}=g^{\theta}-g^1=O(\Delta t),\\
&R_{5\gamma}^{n-1+\theta}=\sum_{k=0}^{n-1}\tilde{\kappa}_{k\gamma}^{n}\big(u(t_{n-k})-u(t_{n-k-1})\big)-\Delta\gamma\sum_{i=0}^{2I}c_i\,\omega(\gamma_i)D_t^{\gamma_i}u(t_{n-1+\theta})=O(\Delta t^{3-\gamma_i}),\\
&R_{5\gamma}^{\theta}=\tilde{\kappa}_{0\gamma}^{1}\big(u(t_1)-u(t_0)\big)-\Delta\gamma\sum_{i=0}^{2I}c_i\,\omega(\gamma_i)D_t^{\gamma_i}u(t_\theta)=O(\Delta t^{2-\gamma_i}),\\
&R_{6\gamma}^{n-1+\theta}=\Delta\gamma\sum_{i=0}^{2I}c_i\,\omega(\gamma_i)D_t^{\gamma_i}u(t_{n-1+\theta})-\mathcal{D}_t^{\omega}u(t_{n-1+\theta})=O(\Delta\gamma^2),\\
&R_{6\gamma}^{\theta}=\Delta\gamma\sum_{i=0}^{2I}c_i\,\omega(\gamma_i)D_t^{\gamma_i}u(t_\theta)-\mathcal{D}_t^{\omega}u(t_\theta)=O(\Delta\gamma),
\end{aligned}
\tag{7.2.5}
$$

其中，$\gamma=\alpha$或β.

令V_h为H_0^1的子空间，引入$\{u_h^n,v_h^n\}\in V_h\times V_h$，可推出如下全离散格式：

当$n=1$时，

$$
\begin{aligned}
&(a)\ (\partial_t[u_h^1],w_h)+(\tilde{\kappa}_{0\alpha}^{1}(u_h^1-u_h^0),w_h)+\big(\nabla u_h^{\theta},\nabla w_h\big)\\
&=-(f_1(u_h^0,v_h^0),w_h)+\big(g_1^{\theta},w_h\big),\forall w_h\in V_h,\\
&(b)\ (\partial_t[v_h^1],z_h)+\big(\tilde{\kappa}_{0\beta}^{1}(v_h^1-v_h^0),z_h\big)+\big(\nabla v_h^{\theta},\nabla z_h\big)\\
&=-(f_2(u_h^0,v_h^0),z_h)+\big(g_2^{\theta},z_h\big),\forall z_h\in V_h.
\end{aligned}
\tag{7.2.6}
$$

当 $n\geqslant 2$ 时，

$$
\begin{aligned}
&(a)\ \big(\partial_t\big[u_h^{n-1+\theta}\big],w_h\big)+\left(\sum_{k=0}^{n-1}\tilde{\kappa}_{k\alpha}^{n}\big(u_h^{n-k}-u_h^{n-k-1}\big),w_h\right)+\big(\nabla u_h^{n-1+\theta},\nabla w_h\big)\\
&=-\big(f_1\big[u_h^{n-1+\theta},v_h^{n-1+\theta}\big],w_h\big)+\big(g_1^{n-1+\theta},w_h\big),\forall w_h\in V_h,\\
&(b)\ \big(\partial_t\big[v_h^{n-1+\theta}\big],z_h\big)+\left(\sum_{k=0}^{n-1}\tilde{\kappa}_{k\beta}^{n}\big(v_h^{n-k}-v_h^{n-k-1}\big),z_h\right)+\big(\nabla v_h^{n-1+\theta},\nabla z_h\big)\\
&=-\big(f_2\big[u_h^{n-1+\theta},v_h^{n-1+\theta}\big],z_h\big)+\big(g_2^{n-1+\theta},z_h\big),\forall z_h\in V_h.
\end{aligned}
\tag{7.2.7}
$$

下面给出式（7.2.6）~（7.2.7）的稳定性分析和误差估计.

7.3 稳定性分析与误差估计

定理7.3.1 对于模型（7.2.6）~（7.2.7），有以下稳定性结论成立：

$$\|u_h^N\|^2+\|v_h^N\|^2\leqslant C\left(\|u_h^0\|^2+\|v_h^0\|^2+\max_{0\leqslant i\leqslant n}\left(\|g_1^i\|^2+\|g_2^i\|^2\right)\right). \tag{7.3.1}$$

证明：当 $n\geqslant 2$时，令方程（5.3.7）中$w_h=u_h^{n-1+\theta}$，$z_h=v_h^{n-1+\theta}$，有

$$\begin{aligned}&(a)\left(\partial_t\left[u_h^{n-1+\theta}\right],u_h^{n-1+\theta}\right)+\left(\sum_{k=0}^{n-1}\tilde{\kappa}_{k\alpha}^n\left(u_h^{n-k}-u_h^{n-k-1}\right),u_h^{n-1+\theta}\right)+\left(\nabla u_h^{n-1+\theta},\nabla u_h^{n-1+\theta}\right)\\&=-\left(f_1\left[u_h^{n-1+\theta},v_h^{n-1+\theta}\right],u_h^{n-1+\theta}\right)+\left(g_1^{n-1+\theta},u_h^{n-1+\theta}\right),\\&(b)\left(\partial_t\left[v_h^{n-1+\theta}\right],v_h^{n-1+\theta}\right)+\left(\sum_{k=0}^{n-1}\tilde{\kappa}_{k\beta}^n\left(v_h^{n-k}-v_h^{n-k-1}\right),v_h^{n-1+\theta}\right)+\left(\nabla v_h^{n-1+\theta},\nabla v_h^{n-1+\theta}\right)\\&=-\left(f_2\left[u_h^{n-1+\theta},v_h^{n-1+\theta}\right],v_h^{n-1+\theta}\right)+\left(g_2^{n-1+\theta},v_h^{n-1+\theta}\right).\end{aligned} \tag{7.3.2}$$

由引理3.2.4，可以推出

$$\begin{aligned}&(a)\left(\partial_t\left[u_h^{n-1+\theta}\right],u_h^{n-1+\theta}\right)\geqslant\frac{1}{4\Delta t}\left(\mathcal{G}[u_h^n]-\mathcal{G}[u_h^{n-1}]\right),\\&(b)\left(\partial_t\left[v_h^{n-1+\theta}\right],v_h^{n-1+\theta}\right)\geqslant\frac{1}{4\Delta t}\left(\mathcal{G}[v_h^n]-\mathcal{G}[v_h^{n-1}]\right).\end{aligned} \tag{7.3.3}$$

根据参考文献 [77]，可得

$$\begin{aligned}&\left(\sum_{k=0}^{n-1}\tilde{\kappa}_{k\alpha}^n\left(u_h^{n-k}-u_h^{n-k-1}\right),u_h^{n-1+\theta}\right)\geqslant\frac{1}{2}\sum_{k=0}^{n-1}\tilde{\kappa}_{k\alpha}^n\left(\|u_h^{n-k}\|^2-\|u_h^{n-k-1}\|^2\right),\\&\left(\sum_{k=0}^{n-1}\tilde{\kappa}_{k\beta}^n\left(v_h^{n-k}-v_h^{n-k-1}\right),v_h^{n-1+\theta}\right)\geqslant\frac{1}{2}\sum_{k=0}^{n-1}\tilde{\kappa}_{k\beta}^n\left(\|v_h^{n-k}\|^2-\|v_h^{n-k-1}\|^2\right).\end{aligned} \tag{7.3.4}$$

将式（7.3.3）和式（7.3.4）代入式（7.3.2）中，可以得到

$$\begin{aligned}&(a)\frac{1}{4\tau}\left(\mathcal{G}[u_h^n]-\mathcal{G}[u_h^{n-1}]\right)+\frac{1}{2}\sum_{k=0}^{n-1}\tilde{\kappa}_{k\alpha}^n\left(\|u_h^{n-k}\|^2-\|u_h^{n-k-1}\|^2\right)+\|\nabla u_h^{n-1+\theta}\|^2\\&\leqslant-\left(f_1\left[u_h^{n-1+\theta},v_h^{n-1+\theta}\right],u_h^{n-1+\theta}\right)+\left(g_1^{n-1+\theta},u_h^{n-1+\theta}\right),\\&(b)\frac{1}{4\tau}\left(\mathcal{G}[v_h^n]-\mathcal{G}[v_h^{n-1}]\right)+\frac{1}{2}\sum_{k=0}^{n-1}\tilde{\kappa}_{k\beta}^n\left(\|v_h^{n-k}\|^2-\|v_h^{n-k-1}\|^2\right)+\|\nabla v_h^{n-1+\theta}\|^2\\&\leqslant-\left(f_2\left[u_h^{n-1+\theta},v_h^{n-1+\theta}\right],v_h^{n-1+\theta}\right)+\left(g_2^{n-1+\theta},v_h^{n-1+\theta}\right).\end{aligned} \tag{7.3.5}$$

在不等式（7.3.5）两端同乘以 $4\Delta t$，并对 n 从 2 到 N 求和，可推出

$$
\begin{aligned}
&(a)\mathcal{G}[u_h^N]+2\Delta t\sum_{n=2}^{N}\sum_{k=0}^{n-1}\tilde{\kappa}_{k\alpha}^{n}\left(\left\|u_h^{n-k}\right\|^2-\left\|u_h^{n-k-1}\right\|^2\right)+4\Delta t\sum_{n=2}^{N}\left\|\nabla u_h^{n-1+\theta}\right\|^2\\
&\leqslant\mathcal{G}[u_h^1]-4\Delta t\sum_{n=2}^{N}\left(f_1\left[u_h^{n-1+\theta},v_h^{n-1+\theta}\right],u_h^{n-1+\theta}\right)+4\Delta t\sum_{n=2}^{N}\left(g_1^{n-1+\theta},u_h^{n-1+\theta}\right),\\
&(b)\mathcal{G}[v_h^N]+2\Delta t\sum_{n=2}^{N}\sum_{k=0}^{n-1}\tilde{\kappa}_{k\beta}^{n}\left(\left\|v_h^{n-k}\right\|^2-\left\|v_h^{n-k-1}\right\|^2\right)+4\Delta t\sum_{n=2}^{N}\left\|\nabla v_h^{n-1+\theta}\right\|^2\\
&\leqslant\mathcal{G}[v_h^1]-4\Delta t\sum_{n=2}^{N}\left(f_2\left[u_h^{n-1+\theta},v_h^{n-1+\theta}\right],v_h^{n-1+\theta}\right)+4\Delta t\sum_{n=2}^{N}\left(g_2^{n-1+\theta},v_h^{n-1+\theta}\right).
\end{aligned}
\tag{7.3.6}
$$

应用引理 3.2.4，Cauchy-Schwarz 不等式和 Young 不等式，式（7.3.6）可以写为

$$
\begin{aligned}
&(a)\ \left\|u_h^N\right\|^2+2\Delta t\sum_{n=2}^{N}\sum_{k=0}^{n-1}\tilde{\kappa}_{k\alpha}^{n}\left(\left\|u_h^{n-k}\right\|^2-\left\|u_h^{n-k-1}\right\|^2\right)+4\Delta t\sum_{n=2}^{N}\left\|\nabla u_h^{n-1+\theta}\right\|^2\\
&\leqslant\mathcal{G}[u_h^1]+C\Delta t\sum_{n=0}^{N}\left(\left\|u_h^{n-1+\theta}\right\|^2+\left\|v_h^{n-1+\theta}\right\|^2\right)+4\varepsilon\Delta t\sum_{n=2}^{N}\left\|u_h^{n-1+\theta}\right\|^2+C\Delta t\sum_{n=1}^{N}\|g_1^n\|^2\\
&\leqslant\mathcal{G}[u_h^1]+C\Delta t\sum_{n=0}^{N}\left(\left\|u_h^{n-1+\theta}\right\|^2+\left\|v_h^{n-1+\theta}\right\|^2\right)+C\Delta t\sum_{n=1}^{N}\|g_1^n\|^2,\\
&(b)\ \left\|v_h^N\right\|^2+2\Delta t\sum_{n=2}^{N}\sum_{k=0}^{n-1}\tilde{\kappa}_{k\beta}^{n}\left(\left\|v_h^{n-k}\right\|^2-\left\|v_h^{n-k-1}\right\|^2\right)+4\Delta t\sum_{n=2}^{N}\left\|\nabla v_h^{n-1+\theta}\right\|^2\\
&\leqslant\mathcal{G}[v_h^1]+C\Delta t\sum_{n=0}^{N}\left(\left\|u_h^{n-1+\theta}\right\|^2+\left\|v_h^{n-1+\theta}\right\|^2\right)+4\varepsilon\Delta t\sum_{n=2}^{N}\left\|v_h^{n-1+\theta}\right\|^2+C\Delta t\sum_{n=1}^{N}\|g_2^n\|^2\\
&\leqslant\mathcal{G}[v_h^1]+C\Delta t\sum_{n=0}^{N}\left(\left\|u_h^{n-1+\theta}\right\|^2+\left\|v_h^{n-1+\theta}\right\|^2\right)+C\Delta t\sum_{n=1}^{N}\|g_2^n\|^2.
\end{aligned}
\tag{7.3.7}
$$

分析不等式（7.3.7）左端第二项

$$
\begin{aligned}
&(a)\ 2\tau\sum_{n=2}^{N}\sum_{k=0}^{n-1}\tilde{\kappa}_{k\alpha}^{n}\left(\left\|u_h^{n-k}\right\|^2-\left\|u_h^{n-k-1}\right\|^2\right)\\
&=2\tau\sum_{n=2}^{N}\sum_{k=0}^{n-1}\tilde{\kappa}_{k\alpha}^{n}\left\|u_h^{n-k}\right\|^2-2\Delta t\sum_{n=2}^{N}\sum_{k=0}^{n-1}\tilde{\kappa}_{k\alpha}^{n}\left\|u_h^{n-k-1}\right\|^2-2\Delta t\sum_{n=1}^{N-1}\sum_{i=0}^{2I}\frac{\zeta_i\tau^{-\alpha_i}}{\Gamma(2-\alpha_i)}b_n^{(\alpha_i)}\left\|u_h^1\right\|^2,\\
&(b)\ 2\tau\sum_{n=2}^{N}\sum_{k=0}^{n-1}\tilde{\kappa}_{k\beta}^{n}\left(\left\|v_h^{n-k}\right\|^2-\left\|v_h^{n-k-1}\right\|^2\right)\\
&=2\tau\sum_{n=2}^{N}\sum_{k=0}^{n-1}\tilde{\kappa}_{k\beta}^{n}\left\|v_h^{n-k}\right\|^2-2\Delta t\sum_{n=2}^{N}\sum_{k=0}^{n-1}\tilde{\kappa}_{k\beta}^{n}\left\|v_h^{n-k-1}\right\|^2-2\Delta t\sum_{n=1}^{N-1}\sum_{i=0}^{2I}\frac{\zeta_i\tau^{-\beta_i}}{\Gamma(2-\beta_i)}b_n^{(\beta_i)}\left\|v_h^1\right\|^2.
\end{aligned}
\tag{7.3.8}
$$

将式（7.3.8）代入式（7.3.7）中，有

$$
\begin{aligned}
&(a)\ \left\|u_h^N\right\|^2 + 2\Delta t \sum_{k=0}^{N-1} \tilde{\kappa}_{k\alpha}^N \left\|u_h^{N-k}\right\|^2 + 4\Delta t \sum_{n=2}^{N} \left\|\nabla u_h^{n-1+\theta}\right\|^2 \\
&\leqslant \mathcal{G}[u_h^1] + C\Delta t \sum_{n=0}^{N} \left(\left\|u_h^{n-1+\theta}\right\|^2 + \left\|v_h^{n-1+\theta}\right\|^2\right) + C\Delta t \sum_{n=1}^{N} \|g_1^n\|^2 \\
&\quad +2\tau \sum_{n=1}^{N} \sum_{i=0}^{2I} \frac{\zeta_i \Delta t^{-\alpha_i}}{\Gamma(2-\alpha_i)} b_n^{(\alpha_i)} \left\|u_h^1\right\|^2, \\
&(b)\ \left\|v_h^N\right\|^2 + 2\Delta t \sum_{k=0}^{N-1} \tilde{\kappa}_{k\beta}^N \left\|v_h^{N-k}\right\|^2 + 4\Delta t \sum_{n=2}^{N} \left\|\nabla v_h^{n-1+\theta}\right\|^2 \\
&\leqslant \mathcal{G}[v_h^1] + C\Delta t \sum_{n=0}^{N} \left(\left\|u_h^{n-1+\theta}\right\|^2 + \left\|v_h^{n-1+\theta}\right\|^2\right) + C\Delta t \sum_{n=1}^{N} \|g_2^n\|^2 \\
&+2\tau \sum_{n=1}^{N} \sum_{i=0}^{2I} \frac{\zeta_i \Delta t^{-\beta_i}}{\Gamma(2-\beta_i)} b_n^{(\beta_i)} \left\|v_h^1\right\|^2.
\end{aligned}
\tag{7.3.9}
$$

下面估计 $\mathcal{G}[u_h^1]$ 和 $\mathcal{G}[v_h^1]$.

当 $n=1$ 时，令式（7.2.6）中 $w_h = u_h^\theta$，$z_h = v_h^\theta$，有

$$
\begin{aligned}
&(a)\ \left(\partial_t[u_h^1], u_h^\theta\right) + \left(\tilde{\kappa}_{0\alpha}^1 (u_h^1 - u_h^0), u_h^\theta\right) + \left(\nabla u_h^\theta, \nabla u_h^\theta\right) = -\left(f_1(u_h^0, v_h^0), u_h^\theta\right) + \left(g_1^\theta, u_h^\theta\right), \\
&(b)\ \left(\partial_t[v_h^1], v_h^\theta\right) + \left(\tilde{\kappa}_{0\beta}^1 (v_h^1 - v_h^0), v_h^\theta\right) + \left(\nabla v_h^\theta, \nabla v_h^\theta\right) = -\left(f_2(u_h^0, v_h^0), v_h^\theta\right) + \left(g_2^\theta, v_h^\theta\right).
\end{aligned}
\tag{7.3.10}
$$

由于

$$
\begin{aligned}
\left(\frac{u_h^1 - u_h^0}{\Delta t}, u_h^\theta\right) &= \frac{\left\|u_h^1\right\|^2 - \left\|u_h^0\right\|^2}{2\Delta t} + \frac{2\theta - 1}{2\Delta t} \left\|u_h^1 - u_h^0\right\|^2, \\
\left(\frac{v_h^1 - v_h^0}{\Delta t}, v_h^\theta\right) &= \frac{\left\|v_h^1\right\|^2 - \left\|v_h^0\right\|^2}{2\Delta t} + \frac{2\theta - 1}{2\Delta t} \left\|v_h^1 - v_h^0\right\|^2,
\end{aligned}
\tag{7.3.11}
$$

将式（7.3.11）代入式（7.3.10）中，可以推出

$$
\begin{aligned}
&(a)\ \frac{\left\|u_h^1\right\|^2 - \left\|u_h^0\right\|^2}{2\Delta t} + \frac{2\theta - 1}{2\Delta t} \left\|u_h^1 - u_h^0\right\|^2 + \left(\tilde{\kappa}_{0\alpha}^1 (u_h^1 - u_h^0), u_h^\theta\right) + \left(\nabla u_h^\theta, \nabla u_h^\theta\right) \\
&= -\left(f_1(u_h^0, v_h^0), u_h^\theta\right) + \left(g_1^\theta, u_h^\theta\right), \\
&(b)\ \frac{\left\|v_h^1\right\|^2 - \left\|v_h^0\right\|^2}{2\Delta t} + \frac{2\theta - 1}{2\Delta t} \left\|v_h^1 - v_h^0\right\|^2 + \left(\tilde{\kappa}_{0\beta}^1 (v_h^1 - v_h^0), v_h^\theta\right) + \left(\nabla v_h^\theta, \nabla v_h^\theta\right) \\
&= -\left(f_2(u_h^0, v_h^0), v_h^\theta\right) + \left(g_2^\theta, v_h^\theta\right).
\end{aligned}
\tag{7.3.12}
$$

在式（7.3.12）两端同乘以 $2\Delta t$，并运用 Cauchy-Schwarz 不等式和 Young 不等

式，可以得到

$$
\begin{aligned}
&(a)\ \left\|u_h^1\right\|^2+(2\theta-1)\left\|u_h^1-u_h^0\right\|^2+2\Delta t\left(\tilde{\kappa}_{0\alpha}^1(u_h^1-u_h^0),u_h^\theta\right)+2\Delta t\left\|\nabla u_h^\theta\right\|^2\\
&\leqslant C\left(\left\|u_h^0\right\|^2+\left\|v_h^0\right\|^2\right)+C\Delta t(\|g_1^0\|^2+\|g_1^1\|^2),\\
&(b)\ \left\|v_h^1\right\|^2+(2\theta-1)\left\|v_h^1-v_h^0\right\|^2+2\Delta t\left(\tilde{\kappa}_{0\beta}^1(v_h^1-v_h^0),v_h^\theta\right)+2\Delta t\left\|\nabla v_h^\theta\right\|^2\\
&\leqslant C\left(\left\|v_h^0\right\|^2+\left\|v_h^0\right\|^2\right)+C\Delta t(\|g_2^0\|^2+\|g_2^1\|^2).
\end{aligned}
\tag{7.3.13}
$$

由于

$$
\begin{aligned}
&2\tau\left(\tilde{\kappa}_{0\alpha}^1(u_h^1-u_h^0),u_h^\theta\right)\geqslant\Delta t\tilde{\kappa}_{0\alpha}^1\left(\left\|u_h^1\right\|^2-\left\|u_h^0\right\|^2\right),\\
&2\tau\left(\tilde{\kappa}_{0\beta}^1(v_h^1-v_h^0),v_h^\theta\right)\geqslant\Delta t\tilde{\kappa}_{0\beta}^1\left(\left\|v_h^1\right\|^2-\left\|v_h^0\right\|^2\right),
\end{aligned}
$$

因此，可以推出

$$
\begin{aligned}
&(a)\ \left\|u_h^1\right\|^2+\left\|u_h^1-u_h^0\right\|^2\leqslant C\left(\left\|u_h^0\right\|^2+\left\|v_h^0\right\|^2\right)+C\Delta t(\|g_1^0\|^2+\|g_1^1\|^2),\\
&(b)\ \left\|v_h^1\right\|^2+\left\|v_h^1-v_h^0\right\|^2\leqslant C\left(\left\|u_h^0\right\|^2+\left\|v_h^0\right\|^2\right)+C\Delta t(\|g_2^0\|^2+\|g_2^1\|^2).
\end{aligned}
\tag{7.3.14}
$$

由引理 3.2.4，可得

$$
\begin{aligned}
&\mathcal{G}[u_h^1]=(1+2\theta)\left\|u_h^1\right\|^2-(2\theta-1)\left\|u_h^0\right\|^2+(1+\theta)(2\theta-1)\left\|u_h^1-u_h^0\right\|^2,\\
&\mathcal{G}[v_h^1]=(1+2\theta)\left\|v_h^1\right\|^2-(2\theta-1)\left\|v_h^0\right\|^2+(1+\theta)(2\theta-1)\left\|v_h^1-v_h^0\right\|^2.
\end{aligned}
\tag{7.3.15}
$$

将式（7.3.14）和式（7.3.15）代入式（7.3.9）中，并将式（7.3.9）中的 (a) 和 (b) 两式相加，结合使用Gronwall引理，有

$$
\begin{aligned}
&\left\|u_h^N\right\|^2+\left\|v_h^N\right\|^2+2\Delta t\sum_{k=0}^{N-1}\tilde{\kappa}_{k\alpha}^N\left\|u_h^{N-k}\right\|^2+2\Delta t\sum_{k=0}^{N-1}\tilde{\kappa}_{k\beta}^N\left\|v_h^{N-k}\right\|^2\\
&+4\Delta t\sum_{n=2}^{N}\left(\left\|\nabla u_h^{n-1+\theta}\right\|^2+\left\|\nabla v_h^{n-1+\theta}\right\|^2\right)\\
&\leqslant\mathcal{G}[u_h^1]+\mathcal{G}[v_h^1]+C\Delta t\sum_{n=0}^{N}\left(\left\|u_h^{n-1+\theta}\right\|^2+\left\|v_h^{n-1+\theta}\right\|^2\right)+C\Delta t\sum_{n=1}^{N}(\|g_1^n\|^2+\|g_2^n\|^2)\\
&\quad+2\Delta t\sum_{n=1}^{N-1}\sum_{i=0}^{2I}\frac{\zeta_i\Delta t^{-\alpha_i}}{\Gamma(2-\alpha_i)}b_n^{(\alpha_i)}\left\|u_h^1\right\|^2+2\Delta t\sum_{n=1}^{N-1}\sum_{i=0}^{2I}\frac{\zeta_i\Delta t^{-\beta_i}}{\Gamma(2-\beta_i)}b_n^{(\beta_i)}\left\|v_h^1\right\|^2\\
&\leqslant C\left(\left\|u_h^0\right\|^2+\left\|v_h^0\right\|^2\right)+C\Delta t\sum_{n=0}^{N}(\|g_1^n\|^2+\|g_2^n\|^2).
\end{aligned}
\tag{7.3.16}
$$

因此，可得

$$\left\|u_h^N\right\|^2+\left\|v_h^N\right\|^2\leqslant C\left(\left\|u_h^0\right\|^2+\left\|v_h^0\right\|^2+\Delta t\sum_{n=0}^{N}(\|g_1^n\|^2+\|g_2^n\|^2)\right).$$

至此，我们完成了稳定性结论的推导证明.

下面，我们进行误差估计. 引入椭圆投影 $\mathfrak{R}_h: H_0^1(\Omega)\to V_h$ 满足下列性质

$$\begin{aligned}&(a)\ (\nabla(\mu-\mathfrak{R}_h\mu),\nabla\mu_h)=0,\forall\mu_h\in V_h,\\&(b)\ \|\mu-\mathfrak{R}_h\mu\|+h\|\mu-\mathfrak{R}_h\mu\|_1\leqslant Ch^{r+1}\|\mu\|_{r+1},\forall\mu\in H_0^1(\Omega)\cap H^{r+1}(\Omega),\end{aligned}\tag{7.3.17}$$

其中，$\|\mu\|_i=\sqrt{\sum_{0\leqslant|j|\leqslant i}\int_\Omega|D^j\mu|^2}$.

为了简化记号，记

$$\begin{aligned}u-u_h&=(u-\mathfrak{R}_hu)+(\mathfrak{R}_hu-u_h)=\xi+\eta,\\v-v_h&=(v-\mathfrak{R}_hv)+(\mathfrak{R}_hv-p_h)=\phi+\rho.\end{aligned}$$

定理7.3.2 假设 $\{u(t_n),v(t_n)\}$ 是模型（7.2.3）和（7.2.4）的解，$\{u_h^n,v_h^n\}$是模型（7.2.6）和（7.2.7）的解，则有

$$\|u^n-u_h^n\|^2+\|v^n-v_h^n\|^2\leqslant C(\Delta t^4+h^{2r+2}+\Delta\alpha^4+\Delta\beta^4),\tag{7.3.18}$$

其中，常数 C 与 h,τ,α 和 β 无关.

证明：当 $n=1$ 时，误差方程为

$$\begin{aligned}&(a)\ (\partial_t[\xi^1]+\partial_t[\eta^1],w_h)+\left(\tilde{\kappa}_{0\alpha}^1\left((\xi^1+\eta^1)-(\xi^0+\eta^0)\right),w_h\right)+\left(\nabla\xi^\theta+\nabla\eta^\theta,\nabla w_h\right)\\&=-(f_1(u^0,v^0)-f_1(u_h^0,v_h^0),w_h)+\left(\sum_{l=1}^{4}R_l^\theta+\sum_{l=5}^{6}R_{l\alpha}^\theta,w_h\right),\forall w_h\in V_h,\\&(b)\ (\partial_t[\phi^1]+\partial_t[\rho^1],z_h)+\left(\tilde{\kappa}_{0\beta}^1\left((\phi^1+\rho^1)-(\phi^0+\rho^0)\right),z_h\right)+\left(\nabla\phi^\theta+\nabla\rho^\theta,\nabla z_h\right)\\&=-(f_2(u^0,v^0)-f_2(u_h^0,v_h^0),z_h)+\left(\sum_{l=1}^{4}R_l^\theta+\sum_{l=5}^{6}R_{l\beta}^\theta,z_h\right),\forall z_h\in V_h,\end{aligned}\tag{7.3.19}$$

当 $n\geqslant 2$ 时，误差方程为

$$\begin{aligned}&(a)\ \left(\partial_t\left[\xi^{n-1+\theta}\right]+\partial_t\left[\eta^{n-1+\theta}\right],w_h\right)+\left(\sum_{k=0}^{n-1}\tilde{\kappa}_{k\alpha}^n(\xi^{n-k}+\eta^{n-k})-(\xi^{n-k-1}+\eta^{n-k-1}),w_h\right)\\&\quad+\left(\nabla\xi^{n-1+\theta}+\nabla\eta^{n-1+\theta},\nabla w_h\right)\\&=-\left(f_1\left[u^{n-1+\theta},v^{n-1+\theta}\right]-f_1\left[u_h^{n-1+\theta},v_h^{n-1+\theta}\right],w_h\right)\\&\quad+\left(\sum_{l=1}^{4}R_l^{n-1+\theta}+\sum_{l=5}^{6}R_{l\alpha}^{n-1+\theta},\ w_h\right),\forall w_h\in V_h,\end{aligned}$$

$$
\begin{aligned}
&(b)\ \left(\partial_t[\phi^{n-1+\theta}]+\partial_t[\rho^{n-1+\theta}],z_h\right)+\left(\sum_{k=0}^{n-1}\tilde{\kappa}_{k\beta}^{n}(\phi^{n-k}+\rho^{n-k})-(\phi^{n-k-1}+\rho^{n-k-1}),z_h\right)\\
&\quad+\left(\nabla\phi^{n-1+\theta}+\nabla\rho^{n-1+\theta},\nabla z_h\right)\\
&=-\left(f_2[u^{n-1+\theta},v^{n-1+\theta}]-f_2[u_h^{n-1+\theta},v_h^{n-1+\theta}],z_h\right)\\
&\quad+\left(\sum_{l=1}^{4}R_l^{n-1+\theta}+\sum_{l=5}^{6}R_{l\beta}^{n-1+\theta},z_h\right),\forall z_h\in V_h,
\end{aligned}
\tag{7.3.20}
$$

令式（7.3.20）中$w_h=\eta^{n-1+\theta}$，$z_h=\rho^{n-1+\theta}$，可以推出

$$
\begin{aligned}
&(a)\ \left(\partial_t[\eta^{n-1+\theta}],\eta^{n-1+\theta}\right)+\left(\sum_{k=0}^{n-1}\tilde{\kappa}_{k\alpha}^{n}(\eta^{n-k}-\eta^{n-k-1}),\eta^{n-1+\theta}\right)+\left(\nabla\eta^{n-1+\theta},\nabla\eta^{n-1+\theta}\right)\\
&=-\left(f_1[u^{n-1+\theta},v^{n-1+\theta}]-f_1[u_h^{n-1+\theta},v_h^{n-1+\theta}],\eta^{n-1+\theta}\right)\\
&\quad+\left(\sum_{l=1}^{4}R_l^{n-1+\theta}+\sum_{l=5}^{6}R_{l\alpha}^{n-1+\theta},\eta^{n-1+\theta}\right)\\
&\quad-\left(\partial_t[\xi^{n-1+\theta}],\eta^{n-1+\theta}\right)-\left(\sum_{k=0}^{n-1}\tilde{\kappa}_{k\alpha}^{n}(\xi^{n-k}-\xi^{n-k-1}),\eta^{n-1+\theta}\right)-\left(\nabla\xi^{n-1+\theta},\nabla\eta^{n-1+\theta}\right),\\
&(b)\ \left(\partial_t[\rho^{n-1+\theta}],\rho^{n-1+\theta}\right)+\left(\sum_{k=0}^{n-1}\tilde{\kappa}_{k\beta}^{n}(\rho^{n-k}-\rho^{n-k-1}),\rho^{n-1+\theta}\right)+\left(\nabla\rho^{n-1+\theta},\nabla\rho^{n-1+\theta}\right)\\
&=-\left(f_2[u^{n-1+\theta},v^{n-1+\theta}]-f_2[u_h^{n-1+\theta},v_h^{n-1+\theta}],\rho^{n-1+\theta}\right)\\
&\quad+\left(\sum_{l=1}^{4}R_l^{n-1+\theta}+\sum_{l=5}^{6}R_{l\beta}^{n-1+\theta},\rho^{n-1+\theta}\right)\\
&\quad-\left(\partial_t[\phi^{n-1+\theta}],\rho^{n-1+\theta}\right)-\left(\sum_{k=0}^{n-1}\tilde{\kappa}_{k\beta}^{n}(\phi^{n-k}-\phi^{n-k-1}),\rho^{n-1+\theta}\right)-\left(\nabla\phi^{n-1+\theta},\nabla\rho^{n-1+\theta}\right),
\end{aligned}
\tag{7.3.21}
$$

使用与参考文献 [77] 相似的方法并利用引理3.2.4，有

$$
\begin{aligned}
&(a)\left(\partial_t[\eta^{n-1+\theta}],\eta^{n-1+\theta}\right)\geqslant\frac{1}{4\Delta t}(\mathcal{G}[\eta^n]-\mathcal{G}[\eta^{n-1}]),\\
&(b)\left(\partial_t[\rho^{n-1+\theta}],\rho^{n-1+\theta}\right)\geqslant\frac{1}{4\Delta t}(\mathcal{G}[\rho^n]-\mathcal{G}[\rho^{n-1}]),\\
&(c)\left(\sum_{k=0}^{n-1}\tilde{\kappa}_{k\alpha}^{n}(\eta^{n-k}-\eta^{n-k-1}),\eta^{n-1+\theta}\right)\geqslant\frac{1}{2}\sum_{k=0}^{n-1}\tilde{\kappa}_{k\alpha}^{n}\left(\|\eta^{n-k}\|^2-\|\eta^{n-k-1}\|^2\right),\\
&(d)\left(\sum_{k=0}^{n-1}\tilde{\kappa}_{k\beta}^{n}(\rho^{n-k}-\rho^{n-k-1}),\rho^{n-1+\theta}\right)\geqslant\frac{1}{2}\sum_{k=0}^{n-1}\tilde{\kappa}_{k\beta}^{n}\left(\|\rho^{n-k}\|^2-\|\rho^{n-k-1}\|^2\right).
\end{aligned}
\tag{7.3.22}
$$

将式（7.3.22）代入式（7.3.21）中，可以推出

$$
\begin{aligned}
&(a)\ \frac{1}{4\tau}(\mathcal{G}[\eta^n]-\mathcal{G}[\eta^{n-1}])+\frac{1}{2}\sum_{k=0}^{n-1}\tilde{\kappa}_{k\alpha}^{n}\left(\left\|\eta^{n-k}\right\|^2-\left\|\eta^{n-k-1}\right\|^2\right)+(\nabla\eta^{n-1+\theta},\nabla\eta^{n-1+\theta})\\
&\leqslant-\left(f_1\left[u^{n-1+\theta},v^{n-1+\theta}\right]-f_1\left[u_h^{n-1+\theta},v_h^{n-1+\theta}\right],\eta^{n-1+\theta}\right)\\
&\quad+\left(\sum_{l=1}^{4}R_l^{n-1+\theta}+\sum_{l=5}^{6}R_{l\alpha}^{n-1+\theta},\eta^{n-1+\theta}\right)\\
&\quad-\left(\partial_t\left[\xi^{n-1+\theta}\right],\eta^{n-1+\theta}\right)-\left(\sum_{k=0}^{n-1}\tilde{\kappa}_{k\alpha}^{n}(\xi^{n-k}-\xi^{n-k-1}),\eta^{n-1+\theta}\right)\\
&\quad-\left(\nabla\xi^{n-1+\theta},\nabla\eta^{n-1+\theta}\right),\\
&(b)\ \frac{1}{4\tau}(\mathcal{G}[\rho^n]-\mathcal{G}[\rho^{n-1}])+\frac{1}{2}\sum_{k=0}^{n-1}\tilde{\kappa}_{k\beta}^{n}\left(\left\|\rho^{n-k}\right\|^2-\left\|\rho^{n-k-1}\right\|^2\right)+(\nabla\rho^{n-1+\theta},\nabla\rho^{n-1+\theta})\\
&\leqslant-\left(f_2\left[u^{n-1+\theta},v^{n-1+\theta}\right]-f_2\left[u_h^{n-1+\theta},v_h^{n-1+\theta}\right],\rho^{n-1+\theta}\right)\\
&\quad+\left(\sum_{l=1}^{4}R_l^{n-1+\theta}+\sum_{l=5}^{6}R_{l\beta}^{n-1+\theta},\rho^{n-1+\theta}\right)\\
&\quad-\left(\partial_t\left[\phi^{n-1+\theta}\right],\rho^{n-1+\theta}\right)-\left(\sum_{k=0}^{n-1}\tilde{\kappa}_{k\beta}^{n}(\phi^{n-k}-\phi^{n-k-1}),\rho^{n-1+\theta}\right)\\
&\quad-\left(\nabla\phi^{n-1+\theta},\nabla\rho^{n-1+\theta}\right),
\end{aligned}
\tag{7.3.23}
$$

使用与参考文献 [77] 相似的推导过程，可得

$$
\begin{aligned}
&(a)\ -\left(\sum_{k=0}^{n-1}\widetilde{\kappa_{k\alpha}^{n}}(\xi^{n-k}-\xi^{n-k-1}),\eta^{n-1+\theta}\right)\\
&\leqslant\frac{1}{16}\sum_{i=0}^{2I}\frac{\zeta_i}{T^{\alpha_i}\Gamma(1-\alpha_i)}(\|\eta^n\|^2+\|\eta^{n-1}\|^2)+C(\Delta t^4+h^{2r+2}),\\
&(b)\ -\left(\sum_{k=0}^{n-1}\widetilde{\kappa_{k\beta}^{n}}(\phi^{n-k}-\phi^{n-k-1}),\rho^{n-1+\theta}\right)\\
&\leqslant\frac{1}{16}\sum_{i=0}^{2I}\frac{\zeta_i}{T^{\alpha_i}\Gamma(1-\alpha_i)}(\|\rho^n\|^2+\|\rho^{n-1}\|^2)+C(\Delta t^4+h^{2r+2}),\\
&(c)\ \frac{1}{2}\sum_{k=0}^{n-1}\tilde{\kappa}_{k\alpha}^{n}\left\|\eta^{n-k-1}\right\|^2=\frac{1}{2}\sum_{k=0}^{n-2}\tilde{\kappa}_{k\alpha}^{n-1}\left\|\eta^{n-k-1}\right\|^2+\frac{1}{2}\sum_{i=0}^{2I}\frac{\zeta_i\Delta t^{-\alpha_i}}{\Gamma(2-\alpha_i)}b_{n-1}^{(\alpha_i)}\|\eta^1\|^2,\\
&(d)\ \frac{1}{2}\sum_{k=0}^{n-1}\tilde{\kappa}_{k\beta}^{n}\left\|\rho^{n-k-1}\right\|^2=\frac{1}{2}\sum_{k=0}^{n-2}\tilde{\kappa}_{k\beta}^{n-1}\left\|\rho^{n-k-1}\right\|^2+\frac{1}{2}\sum_{i=0}^{2I}\frac{\zeta_i\Delta t^{-\beta_i}}{\Gamma(2-\beta_i)}b_{n-1}^{(\beta_i)}\|\rho^1\|^2.
\end{aligned}
\tag{7.3.24}
$$

将式（7.3.24）代入式（7.3.23）中，可以推出

$$
\begin{aligned}
&(a)\ \frac{1}{4\tau}(\mathcal{G}[\eta^n]-\mathcal{G}[\eta^{n-1}])+\frac{1}{2}\sum_{k=0}^{n-1}\tilde{\kappa}_{k\alpha}^{n}\left\|\eta^{n-k}\right\|^2+\left\|\nabla\eta^{n-1+\theta}\right\|^2\\
&\leqslant\frac{1}{2}\sum_{k=0}^{n-2}\tilde{\kappa}_{k\alpha}^{n-1}\left\|\eta^{n-k-1}\right\|^2+\frac{1}{2}\sum_{i=0}^{2I}\frac{\zeta_i\Delta t^{-\alpha_i}}{\Gamma(2-\alpha_i)}b_{n-1}^{(\alpha_i)}\|\eta^1\|^2\\
&-\left(f_1\left[u^{n-1+\theta},v^{n-1+\theta}\right]-f_1\left[u_h^{n-1+\theta},v_h^{n-1+\theta}\right],\eta^{n-1+\theta}\right)\\
&+\left(\sum_{l=1}^{4}R_l^{n-1+\theta}+\sum_{l=5}^{6}R_{l\alpha}^{n-1+\theta},\eta^{n-1+\theta}\right)\\
&-\left(\partial_t\left[\xi^{n-1+\theta}\right],\eta^{n-1+\theta}\right)+\frac{1}{16}\sum_{i=0}^{2I}\frac{\zeta_i}{T^{\alpha_i}\Gamma(1-\alpha_i)}(\|\eta^n\|^2+\|\eta^{n-1}\|^2)+C(\Delta t^4+h^{2r+2}),\\
&(b)\ \frac{1}{4\tau}(\mathcal{G}[\rho^n]-\mathcal{G}[\rho^{n-1}])+\frac{1}{2}\sum_{k=0}^{n-1}\tilde{\kappa}_{k\beta}^{n}\left\|\rho^{n-k}\right\|^2+\left\|\nabla\rho^{n-1+\theta}\right\|^2\\
&\leqslant\frac{1}{2}\sum_{k=0}^{n-2}\tilde{\kappa}_{k\beta}^{n-1}\left\|\rho^{n-k-1}\right\|^2+\frac{1}{2}\sum_{i=0}^{2I}\frac{\zeta_i\Delta t^{-\beta_i}}{\Gamma(2-\beta_i)}b_{n-1}^{(\beta_i)}\|\rho^1\|^2\\
&-\left(f_2\left[u^{n-1+\theta},v^{n-1+\theta}\right]-f_2\left[u_h^{n-1+\theta},v_h^{n-1+\theta}\right],\rho^{n-1+\theta}\right)\\
&+\left(\sum_{l=1}^{4}R_l^{n-1+\theta}+\sum_{l=5}^{6}R_{l\beta}^{n-1+\theta},\rho^{n-1+\theta}\right)\\
&-\left(\partial_t\left[\phi^{n-1+\theta}\right],\rho^{n-1+\theta}\right)+\frac{1}{16}\sum_{i=0}^{2I}\frac{\zeta_i}{T^{\alpha_i}\Gamma(1-\alpha_i)}(\|\rho^n\|^2+\|\rho^{n-1}\|^2)+C(\Delta t^4+h^{2r+2}),
\end{aligned}
\tag{7.3.25}
$$

在方程（7.3.25）左右两端同时乘以 $4\Delta t$，并且从 2 到 N 求和，有

$$
\begin{aligned}
&(a)\ \mathcal{G}[\eta^N]+2\Delta t\sum_{k=0}^{N-1}\tilde{\kappa}_{k\alpha}^{N}\left\|\eta^{N-k}\right\|^2+4\Delta t\sum_{n=2}^{N}\left\|\nabla\eta^{n-1+\theta}\right\|^2\\
&\leqslant\mathcal{G}[\eta^1]+2\Delta t\sum_{n=2}^{N}\sum_{i=0}^{2I}\frac{\zeta_i\Delta t^{-\alpha_i}}{\Gamma(2-\alpha_i)}b_{n-1}^{(\alpha_i)}\|\eta^1\|^2\\
&-4\Delta t\sum_{n=2}^{N}\left(f_1\left[u^{n-1+\theta},v^{n-1+\theta}\right]-f_1\left[u_h^{n-1+\theta},v_h^{n-1+\theta}\right],\eta^{n-1+\theta}\right)\\
&-4\Delta t\sum_{n=2}^{N}\left(\partial_t\left[\xi^{n-1+\theta}\right],\eta^{n-1+\theta}\right)+\frac{\tau}{4}\sum_{n=2}^{N}\sum_{i=0}^{2I}\frac{\zeta_i}{T^{\alpha_i}\Gamma(1-\alpha_i)}(\|\eta^n\|^2+\|\eta^{n-1}\|^2)\\
&+C\Delta t\sum_{n=2}^{N}(\Delta t^4+h^{2r+2}+\Delta\alpha^4),
\end{aligned}
\tag{7.3.26}
$$

$$(b)\quad \mathcal{G}[\rho^N]+2\Delta t\sum_{k=0}^{N-1}\tilde{\kappa}_{k\beta}^{N}\left\|\rho^{N-k}\right\|^2+4\Delta t\sum_{n=2}^{N}\left\|\nabla\rho^{n-1+\theta}\right\|^2$$

$$\leqslant \mathcal{G}[\rho^1]++2\Delta t\sum_{n=2}^{N}\sum_{i=0}^{2I}\frac{\zeta_i\Delta t^{-\beta_i}}{\Gamma(2-\beta_i)}b_{n-1}^{(\beta_i)}\|\rho^1\|^2$$

$$-4\Delta t\sum_{n=2}^{N}\left(f_2\left[u^{n-1+\theta},v^{n-1+\theta}\right]-f_2\left[u_h^{n-1+\theta},v_h^{n-1+\theta}\right],\rho^{n-1+\theta}\right)$$

$$-4\Delta t\sum_{n=2}^{N}\left(\partial_t\left[\phi^{n-1+\theta}\right],\rho^{n-1+\theta}\right)+\frac{\Delta t}{4}\sum_{n=2}^{N}\sum_{i=0}^{2I}\frac{\zeta_i}{T^{\alpha_i}\Gamma(1-\alpha_i)}\left(\|\rho^n\|^2+\|\rho^{n-1}\|^2\right)$$

$$+C\Delta t\sum_{n=2}^{N}\left(\Delta t^4+h^{2r+2}+\Delta\beta^4\right),$$

根据参考文献 [89]，可以推出

$$(a)\ 4\Delta t\sum_{n=2}^{N}\left(\partial_t\left[\xi^{n-1+\theta}\right],\eta^{n-1+\theta}\right)\leqslant C\int_{t_0}^{t_N}\|\xi_t\|^2\,ds+C\Delta t\sum_{n=1}^{N}\|\eta^n\|^2,$$

$$(b)\ 4\Delta t\sum_{n=2}^{N}\left(\partial_t\left[\phi^{n-1+\theta}\right],\rho^{n-1+\theta}\right)\leqslant C\int_{t_0}^{t_N}\|\phi_t\|^2\,ds+C\Delta t\sum_{n=1}^{N}\|\rho^n\|^2,$$

$$(c)\ 4\Delta t\sum_{n=2}^{N}\left(f_1\left[u^{n-1+\theta},v^{n-1+\theta}\right]-f_1\left[u_h^{n-1+\theta},v_h^{n-1+\theta}\right],\eta^{n-1+\theta}\right)$$

$$\leqslant 4\Delta t\sum_{n=0}^{N}\left(\|\xi^n\|^2+\|\eta^n\|^2+\|\phi^n\|^2+\|\rho^n\|^2\right)+\varepsilon\Delta t\sum_{n=2}^{N}\left\|\eta^{n-1+\theta}\right\|^2, \tag{7.3.27}$$

$$(d)\ 4\Delta t\sum_{n=2}^{N}\left(f_2\left[u^{n-1+\theta},v^{n-1+\theta}\right]-f_2\left[u_h^{n-1+\theta},v_h^{n-1+\theta}\right],\rho^{n-1+\theta}\right)$$

$$\leqslant 4\Delta t\sum_{n=0}^{N}\left(\|\xi^n\|^2+\|\eta^n\|^2+\|\phi^n\|^2+\|\rho^n\|^2\right)+\varepsilon\Delta t\sum_{n=2}^{N}\left\|\rho^{n-1+\theta}\right\|^2,$$

由引理 2.5.6 和 2.5.7，易知

$$\tilde{\kappa}_{1\gamma}^{n}>\tilde{\kappa}_{2\gamma}^{n}>\cdots>\tilde{\kappa}_{n-1,\gamma}^{n}>\sum_{i=0}^{2I}\frac{\zeta_i\Delta t^{-\gamma_i}}{\Gamma(2-\gamma_i)}\cdot\frac{1-\gamma_i}{2}(n-1+\theta)^{-\gamma_i}$$

$$\geqslant\frac{1}{2}\sum_{i=0}^{2I}\frac{\zeta_i}{T^{\alpha_i}\Gamma(1-\alpha_i)}.$$

因此，将式（7.3.26）中的 (a) 和 (b) 两式相加并代入式（7.3.27）中，同时运用 Cauchy-Schwarz 不等式和 Young 不等式，有

$$\begin{aligned}
&\mathcal{G}[\eta^N]+\mathcal{G}[\rho^N]+2\Delta t\sum_{k=0}^{N-1}\tilde{\kappa}_{k\alpha}^N\left\|\eta^{N-k}\right\|^2+2\Delta t\sum_{k=0}^{N-1}\tilde{\kappa}_{k\beta}^N\left\|\rho^{N-k}\right\|^2\\
&+4\Delta t\sum_{n=2}^{N}\left(\left\|\nabla\eta^{n-1+\theta}\right\|^2+\left\|\nabla\rho^{n-1+\theta}\right\|^2\right)\\
&\leqslant\mathcal{G}[\eta^1]+\mathcal{G}[\rho^1]+2\Delta t\sum_{n=2}^{N}\sum_{i=0}^{2I}\frac{\zeta_i\Delta t^{-\alpha_i}}{\Gamma(2-\alpha_i)}b_{n-1}^{(\alpha_i)}\|\eta^1\|^2\\
&+2\Delta t\sum_{n=2}^{N}\sum_{i=0}^{2I}\frac{\zeta_i\Delta t^{-\beta_i}}{\Gamma(2-\beta_i)}b_{n-1}^{(\beta_i)}\|\rho^1\|^2+C\Delta t\sum_{n=0}^{N}(\|\xi^n\|^2+\|\eta^n\|^2+\|\phi^n\|^2+\|\rho^n\|^2)\\
&+C\int_{t_0}^{t_N}(\|\xi_t\|^2+\|\phi_t\|^2)\,ds+C(\Delta t^4+h^{2r+2}+\Delta\alpha^4+\Delta\beta^4).
\end{aligned}\tag{7.3.28}$$

下面计算 $\mathcal{G}[\eta^1]$ 和 $\mathcal{G}[\rho^1]$.

令（7.3.19）中 $w_h=\eta^\theta$，$z_h=\rho^\theta$，可以得到

$$\begin{aligned}
&(a)\ \frac{\|\eta^1\|^2-\|\eta^0\|^2}{2\Delta t}+\frac{2\theta-1}{2\Delta t}\|\eta^1-\eta^0\|^2+\left(\tilde{\kappa}_{0\alpha}^1(\eta^1-\eta^0),\eta^\theta\right)+\left(\nabla\eta^\theta,\nabla\eta^\theta\right)\\
&=-\left(f_1(u^0,v^0)-f_1(u_h^0,v_h^0),\eta^\theta\right)+\left(\sum_{l=1}^{4}R_l^\theta+\sum_{l=5}^{6}R_{l\alpha}^\theta,\eta^\theta\right)\\
&\quad-\left(\partial_t[\xi^1],\eta^\theta\right)-\left(\tilde{\kappa}_{0\alpha}^1(\xi^1-\xi^0),\eta^\theta\right)-\left(\nabla\xi^\theta,\nabla\eta^\theta\right),\\
&(b)\ \frac{\|\rho^1\|^2-\|\rho^0\|^2}{2\Delta t}+\frac{2\theta-1}{2\Delta t}\|\rho^1-\rho^0\|^2+\left(\tilde{\kappa}_{0\beta}^1(\rho^1-\rho^0),\rho^\theta\right)+\left(\nabla\rho^\theta,\nabla\rho^\theta\right)\\
&=-\left(f_2(u^0,v^0)-f_2(u_h^0,v_h^0),\rho^\theta\right)+\left(\sum_{l=1}^{4}R_l^\theta+\sum_{l=5}^{6}R_{l\beta}^\theta,\rho^\theta\right)\\
&\quad-\left(\partial_t[\phi^1],\rho^\theta\right)-\left(\tilde{\kappa}_{0\beta}^1(\phi^1-\phi^0),\rho^\theta\right)-\left(\nabla\phi^\theta,\nabla\rho^\theta\right),
\end{aligned}\tag{7.3.29}$$

在式（7.3.29）左右两端同时乘以 2τ，并运用 Cauchy-Schwarz 不等式和 Young 不等式，可得

$$\begin{aligned}
&(a)\ \|\eta^1\|^2+\Delta t\tilde{\kappa}_{0\alpha}^1\|\eta^1\|^2+(2\theta-1)\|\eta^1-\eta^0\|^2+2\Delta t\left\|\nabla\eta^\theta\right\|^2\\
&\leqslant C(\|\eta^0\|^2+\|\rho^0\|^2)+C\Delta t\|\eta^1\|^2+C(\Delta\alpha^4+\Delta t^4+h^{2r+2}),\\
&(b)\ \|\rho^1\|^2+\Delta t\tilde{\kappa}_{0\alpha}^1\|\rho^1\|^2+(2\theta-1)\|\rho^1-\rho^0\|^2+2\Delta t\left\|\nabla\rho^\theta\right\|^2\\
&\leqslant C(\|\eta^0\|^2+\|\rho^0\|^2)+C\Delta t\|\rho^1\|^2+C(\Delta\beta^4+\Delta t^4+h^{2r+2}),
\end{aligned}\tag{7.3.30}$$

将式（7.3.30）中的 (a) 和 (b) 两式相加，并使用引理3.2.4，可以推出

$$\begin{aligned}
&\mathcal{G}[\eta^1]+\mathcal{G}[\rho^1]\\
&\leqslant C(\|\eta^0\|^2+\|\rho^0\|^2)+C\Delta t(\|\eta^1\|^2+\|\rho^1\|^2)+C(\Delta\alpha^4+\Delta\beta^4+\Delta t^4+h^{2r+2}),
\end{aligned}\tag{7.3.31}$$

将式（7.3.31）代入式（7.3.28）中，并应用引理 3.2.4，可以推出

$$
\begin{aligned}
&\|\eta^N\|^2+\|\rho^N\|^2+2\Delta t\sum_{k=0}^{N-1}\tilde{\kappa}_{k\alpha}^N\left\|\eta^{N-k}\right\|^2+2\Delta t\sum_{k=0}^{N-1}\tilde{\kappa}_{k\beta}^N\left\|\rho^{N-k}\right\|^2\\
&+4\Delta t\sum_{n=2}^{N}\left(\left\|\nabla\eta^{n-1+\theta}\right\|^2+\left\|\nabla\rho^{n-1+\theta}\right\|^2\right)\\
&\leqslant C(\|\eta^0\|^2+\|\rho^0\|^2)+2\Delta t\sum_{n=2}^{N}\sum_{i=0}^{2I}\frac{\zeta_i\Delta t^{-\alpha_i}}{\Gamma(2-\alpha_i)}b_{n-1}^{(\alpha_i)}\|\eta^1\|^2 \qquad (7.3.32)\\
&+2\Delta t\sum_{n=2}^{N}\sum_{i=0}^{2I}\frac{\zeta_i\Delta t^{-\beta_i}}{\Gamma(2-\beta_i)}b_{n-1}^{(\beta_i)}\|\rho^1\|^2+C\Delta t\sum_{n=0}^{N}(\|\xi^n\|^2+\|\eta^n\|^2+\|\phi^n\|^2+\|\rho^n\|^2)\\
&+C\int_{t_0}^{t_N}(\|\xi_t\|^2+\|\phi_t\|^2)\,ds+C(\Delta t^4+h^{2r+2}+\Delta\alpha^4+\Delta\beta^4).
\end{aligned}
$$

根据引理2.5.6并使用Gronwall引理，采取与参考文献 [77] 和 [89] 相似的计算过程，有

$$\|\eta^N\|^2+\|\rho^N\|^2\leqslant C(\|\eta^0\|^2+\|\rho^0\|^2)+C(\Delta t^4+h^{2r+2}+\Delta\alpha^4+\Delta\beta^4).$$

最后，根据三角不等式，我们完成了定理的证明.

7.4 数值算例

例7.4.1 在二维空间$[0,1]^2\times\left[0,\frac{1}{2}\right]$上分别取非线性项$f_1(u,v)=\sin u-\sin v$，$f_2(u,v)=\sin v-\sin u$，源项

$$
\begin{aligned}
g_1(x,y,t)&=\left(3t^2+\frac{6(t^3-t^2)}{\ln t}+8\pi^2t^3\right)\sin(2\pi x)\sin(2\pi y)\\
&\quad+\sin\left(t^3\sin(2\pi x)\sin(2\pi y)\right)-\sin\left(t^3\sin(4\pi x)\sin(4\pi y)\right), \qquad (7.4.1)\\
g_2(x,y,t)&=\left(3t^2+\frac{6(t^3-t^2)}{\ln t}+32\pi^2t^3\right)\sin(4\pi x)\sin(4\pi y)\\
&\quad+\sin\left(t^3\sin(4\pi x)\sin(4\pi y)\right)-\sin\left(t^3\sin(2\pi x)\sin(2\pi y)\right).
\end{aligned}
$$

则相应的精确解为

$$u=t^3\sin(2\pi x)\sin(2\pi y),v=t^3\sin(4\pi x)\sin(4\pi y).$$

在表7.1 中，给出了当$\theta=0.6,\Delta\alpha=\Delta\beta=\frac{1}{400},h_x=h_y=\Delta t=\frac{1}{8},\frac{1}{16},\frac{1}{32},\frac{1}{64}$

时，时间和空间方向的二阶收敛阶和误差估计结果，该结论与理论分析结果一致．在表7.2中，得到了当$\theta = 0.7, \Delta\alpha = \Delta\beta = \frac{1}{400}, h_x = h_y = \Delta t = \frac{1}{8}, \frac{1}{16}, \frac{1}{32}, \frac{1}{64}$时，时空方向的二阶收敛阶和误差估计结果．两张数据表的结果均表明，数值计算结果与理论分析结论是一致的．

表7.1　当$\theta = 0.6, \Delta\alpha = \Delta\beta = \frac{1}{400}, h_x = h_y = \Delta t = \frac{1}{8}, \frac{1}{16}, \frac{1}{32}, \frac{1}{64}$时，时空方向的误差和收敛阶

θ	τ	$\|u - u_h\|$	收敛阶	$\|v - v_h\|$	收敛阶	CPU −时间（秒）
0.6	1/8	8.9927E-03	–	3.1494E-02	–	0.6143
	1/16	2.3501E-03	1.9360	1.0193E-02	1.6275	3.9703
	1/32	6.0043E-04	1.9687	2.7311E-03	1.9000	30.0663
	1/64	1.5744E-04	1.9312	7.0136E-04	1.9312	240.2739

表7.2　当$\theta = 0.7, \Delta\alpha = \Delta\beta = \frac{1}{400}, h_x = h_y = \Delta t = \frac{1}{8}, \frac{1}{16}, \frac{1}{32}, \frac{1}{64}$时，时空方向的误差和收敛阶

θ	τ	$\|u - u_h\|$	收敛阶	$\|v - v_h\|$	收敛阶	CPU −时间（秒）
0.7	1/8	8.8825E-03	–	3.1484E-02	–	0.5979
	1/16	2.2932E-03	1.9536	1.0182E-02	1.6286	4.0336
	1/32	5.7555E-04	1.9943	2.7255E-03	1.9014	35.8768
	1/64	1.4668E-04	1.9723	6.9934E-04	1.9625	238.6452

在图7.1和图7.2中，分别给出了当$t = 0.5, h_x = h_y = \frac{1}{100}$时，精确解$u$和$v$的表面图．在图7.3～图7.6中给出了在$t = 0.5$处，当$\theta = 0.6, \Delta\alpha = \Delta\beta = \frac{1}{400}, h_x = h_y = \Delta t = \frac{1}{32}, \frac{1}{64}$时数值解$u_h$和$v_h$的表面图．从图像上可以直观地看出数值解和精确解是很接近的．在图7.7～图7.10中，给出了$t = 0.5$时，$\theta = 0.6, \Delta\alpha = \Delta\beta = \frac{1}{400}, h_x = h_y = \Delta t = \frac{1}{32}, \frac{1}{64}$时的误差$u - u_h$和$v - v_h$．根据本算例，可以直观地看出，该数值方法可以有效地数值求解非线性时间分布阶反应扩散耦合系统．

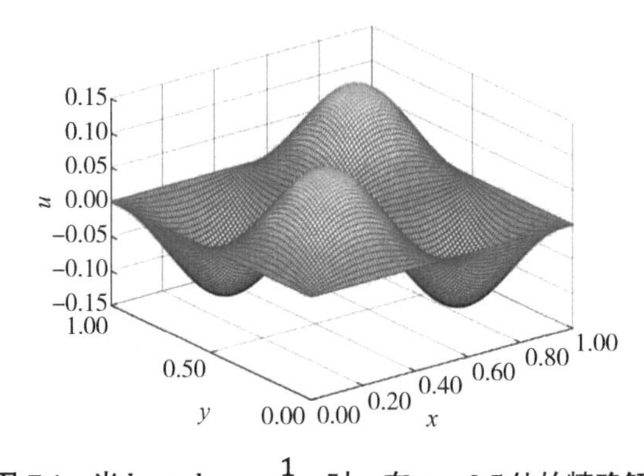

图 7.1　当 $h_x = h_y = \frac{1}{100}$ 时，在 $t = 0.5$ 处的精确解 u

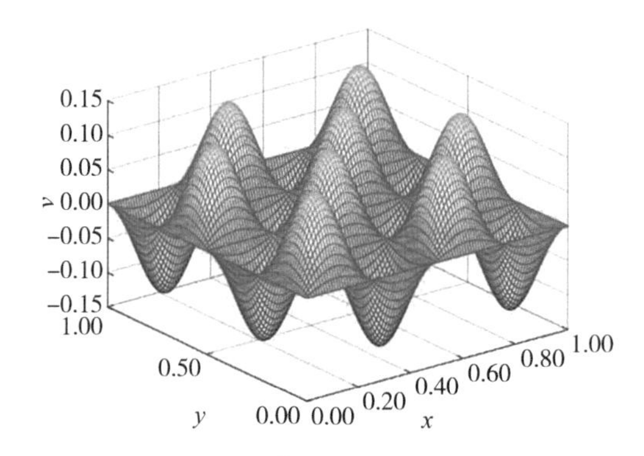

图 7.2　当 $h_x = h_y = \frac{1}{100}$ 时，在 $t = 0.5$ 处的精确解 v

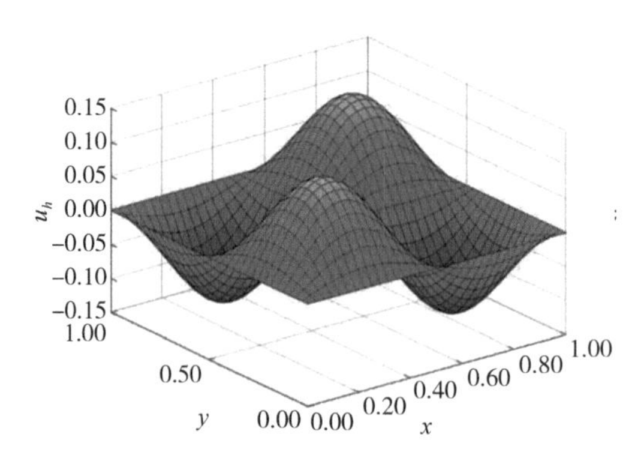

图 7.3　当 $\theta = 0.6, \Delta\alpha = \Delta\beta = \frac{1}{400}, h_x = h_y = \Delta t = \frac{1}{32}$ 时，在 $t = 0.5$ 处的数值解 u_h

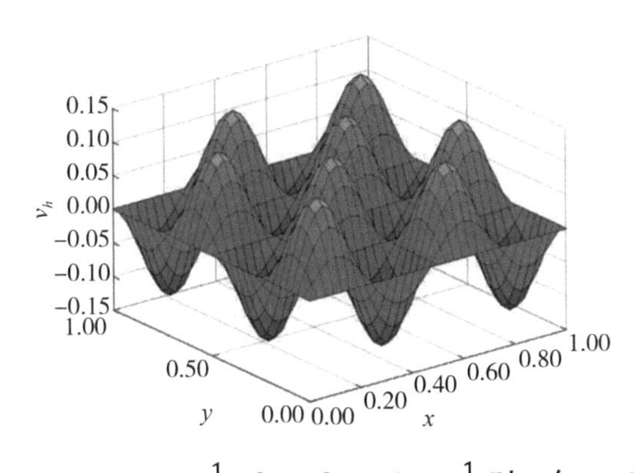

图 7.4　当$\theta=0.6,\Delta\alpha=\Delta\beta=\frac{1}{400},h_x=h_y=\Delta t=\frac{1}{32}$时，在$t=0.5$处的数值解$v_h$

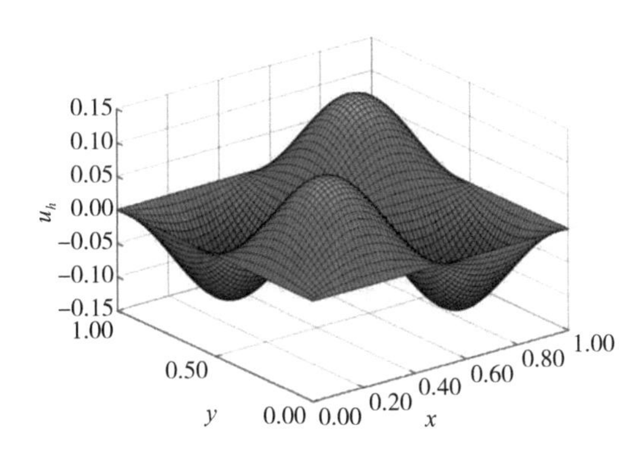

图 7.5　当$\theta=0.6,\Delta\alpha=\Delta\beta=\frac{1}{400},h_x=h_y=\Delta t=\frac{1}{64}$时，在$t=0.5$处的数值解$u_h$

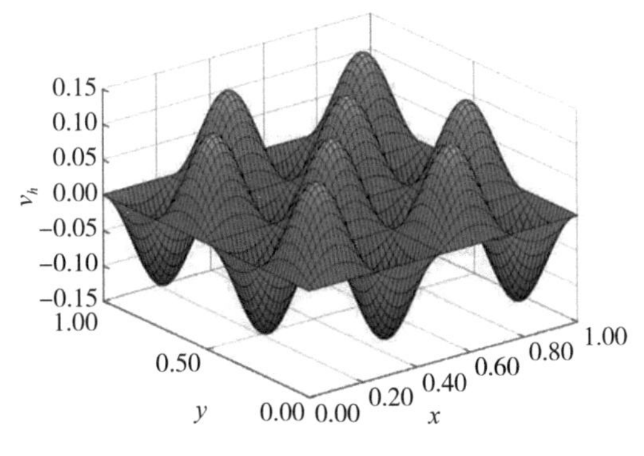

图 7.6　当$\theta=0.6,\Delta\alpha=\Delta\beta=\frac{1}{400},h_x=h_y=\Delta t=\frac{1}{64}$时，在$t=0.5$处的数值解$v_h$

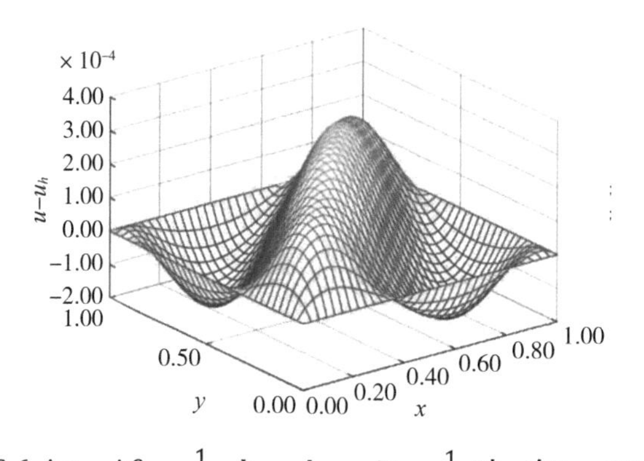

图 7.7　当$\theta = 0.6, \Delta\alpha = \Delta\beta = \frac{1}{400}, h_x = h_y = \Delta t = \frac{1}{32}$时，在$t = 0.5$处的误差$u - u_h$

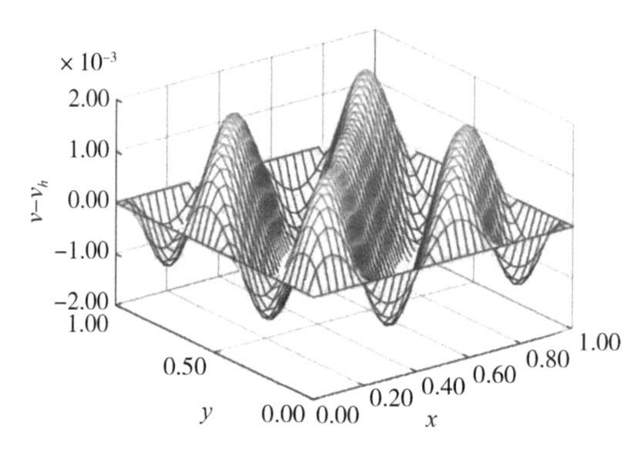

图 7.8　当$\theta = 0.6, \Delta\alpha = \Delta\beta = \frac{1}{400}, h_x = h_y = \Delta t = \frac{1}{32}$时，在$t = 0.5$处的误差$v - v_h$

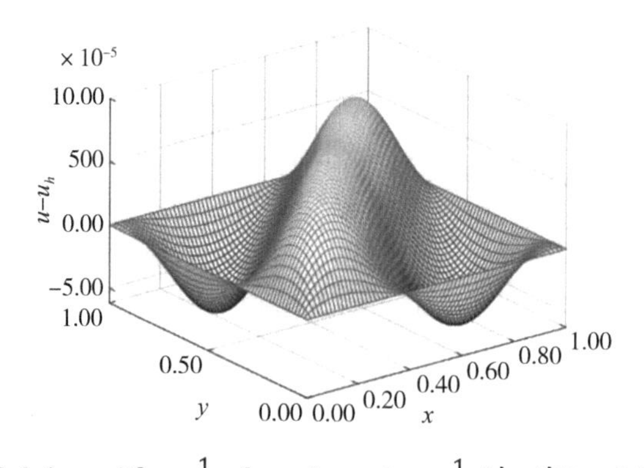

图 7.9　当$\theta = 0.6, \Delta\alpha = \Delta\beta = \frac{1}{400}, h_x = h_y = \Delta t = \frac{1}{64}$时，在$t = 0.5$处的误差$u - u_h$

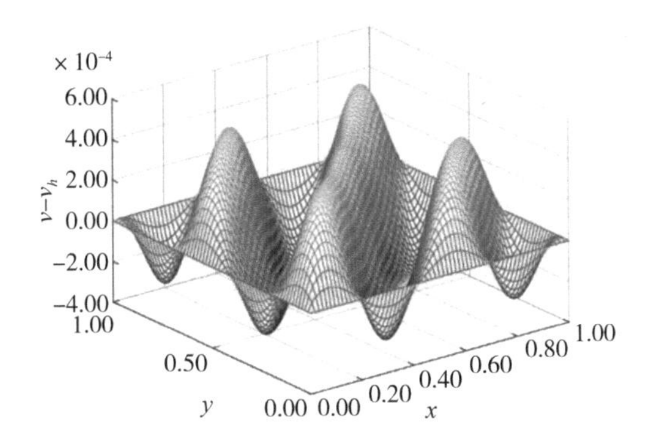

图 7.10　**当**$\theta = 0.6, \Delta\alpha = \Delta\beta = \frac{1}{400}, h_x = h_y = \Delta t = \frac{1}{64}$**时，在**$t = 0.5$**处的误差**$v - v_h$

7.5　结果讨论

本章讨论了非线性时间分布阶反应扩散耦合系统的基于二阶θ格式的有限元算法，并深入研究了该方法在分布阶数值计算中的数值理论．我们严格证明了格式的稳定性并详细推导了未知函数u和v的误差估计结果，在时空方向均达到了最优收敛阶．数值计算结果进一步验证了该方法是求解时间分布阶非线性反应扩散耦合系统的有效数值手段．

参考文献

[1] ALIKHANOV A A. A new difference scheme for the time fractional diffusion equation [J]. J.Comput.Phys., 2015, 280: 424-438.

[2] ATANGANA A. On the stability and convergence of the time-fractional variable order telegraph equation [J]. J.Comput.Phys., 2015, 293: 104-114.

[3] BU W P, TANG Y F, YANG J Y. Galerkin finite element method for two-dimensional Riesz space fractional diffusion equations [J]. J.Comput.Phys., 2014, 276: 26-38.

[4] BU W P, LIU X T, TANG Y F, et al. Finite element multigrid method for multi-term time fractional advection-diffusion equations [J]. Int.J.Model.Simulat.Sci.Comput., 2015, 6（1）: 1540001.

[5] CHEN H, LU S, CHEN W. Finite difference/spectral approximations for the distributed order time fractional reaction-diffusion equation on an unbounded domain [J]. J.Comput.Phys., 2016, 315: 84-97.

[6] DEHGHAN M, ABBASZADEH M, MOHEBBI A. Analysis of a meshless method for the time fractional diffusion-wave equation [J]. Numer. Algor., 2016, 73（2）: 445-476.

[7] DING H, LI C. High-order compact difference schemes for the modified anomalous subdiffusion equation [J]. Numer. Meth. Part. D. E., 2016, 32（1）: 213-242.

[8] EFTEKHARI T, HOSSEINI S M. A new and efficient approach for solving linear and nonlinear time-fractional diffusion equations of distributed order [J]. Comput. Appl. Math., 2022, 41（6）: 281.

[9] JANNO J. Determination of time-dependent sources and parameters of nonlocal diffusion and wave equations from final data [J]. Fract. Calc. Appl. Anal., 2020, 23（6）: 1678-1701.

[10] LI C P, DING H F. Higher order finite difference method for the reaction and anomalous-diffusion equation [J]. Appl. Math. Model., 2014, 38: 3802-3821.

[11] LI X L, RUI H X. A two-grid block-centered finite difference method for the nonlinear

time-fractional parabolic equation [J]. J. Sci. Comput., 2017, 72(2): 863-891.

[12] LIAO H L, ZHANG Y N, ZHAO Y, et al. Stability and convergence of modified Du Fort-Frankel schemes for solving time-fractional subdiffusion equations [J]. J. Sci. Comput., 2014, 61(3): 629-648.

[13] LIU F, ZHUANG P, ANH V, et al. Stability and convergence of the difference methods for the space-time fractional advection-diffusion equation [J]. Appl. Math. Comput., 2007, 191: 12-20.

[14] SHEN S, LIU F, ANH V. Numerical approximations and solution techniques for the space-time Riesz-Caputo fractional advection-diffusion equation [J]. Numer. Algor., 2011, 56: 383-403.

[15] 王金凤, 杨益宁, 刘洋, 等. 时间分数阶偏微分方程的混合元算法设计及误差分析[M]. 北京: 中国商务出版社, 2023.

[16] ZHOU F, ZHAO Y, LI Y, et al. Design implementation and application of distributed order PI control [J]. ISA T., 2013, 52(3): 429-437.

[17] DIETHELM K, FORD N J. Numerical analysis for distributed-order differential equations [J]. J. Comput. Appl. Math., 2009, 225(1): 96-104.

[18] CAPUTO M. Mean fractional-order-derivatives differential equations and filters [J]. Annali dell'Universita di Ferrara, 1995, 41(1): 73-84.

[19] FERRÁS L L, MORGADO M L, REBELO M. A generalised distributed-order Maxwell model [J]. Math. Method. Appl. Sci., 2023, 46(1): 368-387.

[20] KUMAR Y, SINGH V K. Computational approach based on wavelets for financial mathematical model governed by distributed order fractional differential equation [J]. Math. Comput. Simula., 2021, 190: 531-569.

[21] LIANG Y, CHEN W, XU W, et al. Distributed order Hausdorff derivative diffusion model to characterize non-Fickian diffusion in porous media [J]. Commun. Nonlinear. Sci., 2019, 70: 384-393.

[22] LIU L, CHEN S, FENG L, et al. A novel distributed order time fractional model for heat conduction, anomalous diffusion, and viscoelastic flow problems [J]. Comput.

Fluids., 2023, 265: 105991.

[23] LIU L, FENG L, XU Q, et al. Anomalous diffusion in comb model subject to a novel distributed order time fractional Cattaneo-Christov flux [J]. Appl. Math. Lett., 2020, 102: 106116.

[24] MAINARDI F, PAGNINI G, GORENFLO R. Some aspects of fractional diffusion equations of single and distributed order [J]. Appl. Math. Comput., 2007, 187: 295-305.

[25] NIU Y, LIU Y, LI H, et al. Fast high-order compact difference scheme for the nonlinear distributed-order fractional Sobolev model appearing in porous media [J]. Mathematics and Computers in Simulation, 2023, 203: 387-407.

[26] YANG S, LIU L, LONG Z, et al. Unsteady natural convection boundary layer flow and heat transfer past a vertical flat plate with novel constitution models [J]. Appl. Math. Lett., 2021, 120: 107335.

[27] FORD N J, MORGADO M L. Distributed order equations as boundary value problems [J]. Comput. Math. Appl., 2012, 64（10）: 2973-2981.

[28] ABBASZADEH M, DEHGHAN M. An improved meshless method for solving two-dimensional distributed order time-fractional diffusion-wave equation with error estimate [J]. Numer.Algor., 2017, 75: 173-211.

[29] ATANACKOVIC T M, PILIPOVIC S, ZORICA D. Time distributed-order diffusion-wave equation.I.Volterra-type equation [J]. Proc.R.Soc.A, 2009, 465（2106）: 1869-1891.

[30] LUCHKO Y. Boundary value problems for the generalized time-fractional diffusion equation of distributed order [J]. Fract. Calc. Appl. Anal., 2009, 12: 409-422.

[31] YE H, LIU F, ANH V. Compact difference scheme for distributed-order time-fractional diffusion-wave equation on bounded domains [J]. J. Comput. Phys., 2015, 298: 652-660.

[32] AHMED H F, HASHEM W A. Novel and accurate Gegenbauer spectral tau algorithms for distributed order nonlinear time-fractional telegraph models in multi-dimensions, communications in nonlinear science and numerical simulation [J]. 2023, 118: 107062.

[33] FORD N J, MORGADO M L, REBELO M. An implicit finite difference approximation

for the solution of the diffusion equation with distributed order in time [J]. Electron. Trans. Numer. Anal. ETNA, 2015, 44: 289-305.

[34] GAO G H, ALIKHANOV A A, SUN Z Z. The temporal second order difference schemes based on the interpolation approximation for solving the time multi-term and distributed-order fractional sub-diffusion equations [J]. J. Sci. Comput., 2017, 73: 93-121.

[35] REN J C, CHEN H. A numerical method for distributed order time fractional diffusion equation with weakly singular solutions [J]. Appl. Math. Lett., 2019, 96: 159-165.

[36] ZAKY M A, MACHADO J T. Multi-dimensional spectral tau methods for distributed-order fractional diffusion equations [J]. Comput. Math. Appl., 2020, 79(2): 476-488.

[37] GAO X H, LIU F W, LI H, et al. A novel finite element method for the distributed-order time fractional Cable equation in two dimensions [J]. Comput. Math. Appl., 2020, 80(5): 923-939.

[38] ZHENG R M, LIU F W, JIANG X Y, et al. Finite difference/spectral methods for the two-dimensional distributed-order time-fractional cable equation [J]. Comput. Math. Appl., 2020, 80(6): 1523-1537.

[39] WANG X, LIU F, CHEN X. Novel second-order accurate implicit numerical methods for the Riesz space distributed-order advection-dispersion equations [J]. Adv. Math. Phys., 2015, 2015: 1-14.

[40] LI J, LIU F, FENG L, et al. A novel finite volume method for the Riesz space distributed-order diffusion equation [J]. Comput. Math. Appl., 2017, 74(4): 772-783.

[41] ZHANG H, LIU F W, JIANG X Y, et al. A Crank-Nicolson ADI Galerkin-Legendre spectral method for the two-dimensional Riesz space distributed-order advection-diffusion equation [J]. Comput. Math. Appl., 2018, 76(10): 2460-2476.

[42] ZHENG X C, LIU H, WANG H, et al. An efficient finite volume method for nonlinear distributed-order space-fractional diffusion equations in three space dimensions [J]. J. Sci. Comput., 2019, 80(3): 1395-1418.

[43] KAZMI K, KHALIQ A Q M. An efficient split-step method for distributed-order space-fractional reaction-diffusion equations with time-dependent boundary conditions [J].

Appl. Numer. Math., 2020, 147: 142-160.

[44] ABBASZADEH M, DEHGHAN M, ZHOU Y. Crank-Nicolson/Galerkin spectral method for solving two-dimensional time-space distributed-order weakly singular integro-partial differential equation [J]. J.Comput.Appl.Math., 2020, 374: 112739.

[45] NABER M. Distributed order fractional sub-diffusion [J]. Fractals, 2004, 12: 23-32.

[46] GAO G H, SUN Z Z. Two alternating direction implicit difference schemes for two-dimensional distributed-order fractional diffusion equations[J]. J. Sci. Comput., 2016, 66(3): 1281-1312.

[47] ZHANG H, LIU F, JIANG X, et al. Spectral method for the two-dimensional time distributed-order diffusion-wave equation on a semi-infinite domain [J]. J. Comput. Appl. Math., 2022, 399: 113712.

[48] BU W P, JI L, TANG Y F, et al. Space-time finite element method for the distributed-order time fractional reaction diffusion equations [J]. Appl.Numer.Math., 2020, 152: 446-465.

[49] KHAN M, RASHEED A, ANWAR M S, et al. Application of fractional derivatives in a Darcy medium natural convection flow of MHD nanofluid [J]. Ain. Shams. Eng. J., 2023,14(9): 102093.

[50] HUANG C, CHEN H, AN N. β-Robust superconvergent analysis of a finite element method for the distributed order time-fractional diffusion equation [J]. J. Sci. Comput., 2022, 90(1): 44.

[51] HABIBIRAD A, AZIN H, HESAMEDDINI E. A capable numerical meshless scheme for solving distributed order time-fractional reaction-diffusion equation [J]. Chaos, Soliton. Fract., 2023, 166: 112931.

[52] WEN C, LIU Y, YIN B L, et al. Fast second-order time two-mesh mixed finite element method for a nonlinear distributed-order sub-diffusion model [J]. Numer. Algorithms., 2021, 88(2): 523-553.

[53] QIU W L, XU D, CHEN H F, et al. An alternating direction implicit Galerkin finite element method for the distributed-order time-fractional mobile-immobile equation in

two dimensions [J]. Comput. Math. Appl., 2020, 80(12): 3156-3172.

[54] YANG X, ZHANG H, XU D. WSGD-OSC scheme for two-dimensional distributed order fractional reaction-diffusion equation [J]. J. Sci. Comput., 2018, 76(3): 1502-1520.

[55] YIN B L, LIU Y, LI H. Necessity of introducing non-integer shifted parameters by constructing high accuracy finite difference algorithms for a two-sided space-fractional advection-diffusion model [J]. Appl. Math. Lett., 2020, 105: 106347.

[56] YIN B L, WANG J F, LIU Y et al. A structure preserving difference scheme with fast algorithms for high dimensional nonlinear space-fractional Schrödinger equations [J]. J. Comput. Phys., 2020, doi:10. 1016/j. jcp. 2020: 109869.

[57] FAKHAR-IZADI F. Fully Petrov-Galerkin spectral method for the distributed-order time-fractional fourth-order partial differential equation [J]. Eng. Comput., 2021, 37(4): 2707-2716.

[58] GUO S, MEI L, ZHANG Z, et al. A linearized finite difference/spectral-Galerkin scheme for three-dimensional distributed-order time-space fractional nonlinear reaction-diffusion-wave equation: numerical simulations of Gordon-type solitons [J]. Comput. Phys. Commun., 2020, 252: 107144.

[59] ZHANG A, GANJI R M, JAFARI H, et al. Numerical solution of distributed order integro-differential equations [J]. Fractals, 2022, 30(5): 2240123.

[60] KUMAR Y, SINGH S, SRIVASTAVA N, et al. Wavelet approximation scheme for distributed order fractional differential equations [J]. Comput. Math. Appl., 2020, 80(8): 1985-2017.

[61] HEYDARI M H, RASHID S, CHU Y M. Chelyshkov polynomials method for distributed-order time fractional nonlinear diffusion-wave equations [J]. Results. Phys., 2023, 47: 106344.

[62] KUMAR Y, SRIVASTAVA N, SINGH A, et al. Wavelets based computational algorithms for multidimensional distributed order fractional differential equations with nonlinear source term [J]. Comput. Math. Appl., 2023, 132: 73-103.

[63] CAO D, CHEN H. Error analysis of a finite difference method for the distributed order sub-diffusion equation using discrete comparison principle [J]. Math. Comput. Simulat., 2023, 211: 109-117.

[64] CLOUGH R W. The finite element method in plane stress analysis [M]. Proceedings of Second ASCE Conference on Electronic Computation, 1960.

[65] DENG W H. Finite element method for the space and time fractional Fokker-Planck equation [J]. SIAM J. Numer. Anal., 2008, 47(1): 204-226.

[66] FENG L B, LIU F W, TURNER I. Finite difference/finite element method for a novel 2D multi-term time-fractional mixed sub-diffusion and diffusion-wave equation on convex domains [J]. Commun. Nonlinear. Sci. Numer. Simula., 2019, 70: 354-371.

[67] LI C P, WANG Z. The discontinuous Galerkin finite element method for Caputo-type nonlinear conservation law [J]. Math. Comput. Simulat., 2020, 169: 51-73.

[68] LI D F, ZHANG J W, ZHANG Z M. Unconditionally optimal error estimates of a linearized Galerkin method for nonlinear time fractional reaction-subdiffusion equations [J]. J. Sci. Comput., 2018, 76(2): 848-866.

[69] LI J C, HUANG Y Q, LIN Y P. Developing finite element methods for Maxwell's equations in a colecole dispersive medium [J]. SIAM J. Sci. Comput., 2011, 33(6): 3153-3174.

[70] LIU J C, LI H, LIU Y. A new fully discrete finite difference/element approximation for fractional cable equation [J]. J. Appl. Math. Comput., 2016, 52(1-2): 345-361.

[71] ROOP J P. Computational aspects of FEM approximation of fractional advection dispersion equations on bounded domains in R^2 [J]. J. Comput. Appl. Math., 2006, 193(1): 243-268.

[72] WANG Y J, LIU Y, LI H, et al. Finite element method combined with second-order time discrete scheme for nonlinear fractional Cable euqation [J]. Eur. Phys. J. Plus, 2016, 131(3): 61.

[73] YANG Z Z, LIU F W, NIE Y F, et al. An unstructured mesh finite difference/finite element method for the three-dimensional time-space fractional Bloch-Torrey

equations on irregular domains [J]. J. Comput. Phys., 2020, 408: 109284.

[74] YIN B L, LIU Y, LI H. A class of shifted high-order numerical methods for the fractional mobile/immobile transport equations [J]. Appl. Math. Comput., 2020, 368: 124799.

[75] ZENG F H, LI C P. A new Crank-Nicolson finite element method for the time-fractional subdiffusion equation [J]. Appl. Numer. Math., 2017, 121: 82-95.

[76] ZHENG Y Y, LI C P, ZHAO Z G. A note on the finite element method for the space-fractional advection diffusion equation [J]. Comput. Math. Appl., 2010, 59(5): 1718-1726.

[77] LI X L, RUI H X. Two temporal second-order H^1-Galerkin mixed finite element schemes for distributed-order fractional sub-diffusion equations [J]. Numer. Algor., 2018, 79: 1107-1130.

[78] LI L, LIU F W, FENG L B, et al. A Galerkin finite element method for the modified distributed-order anomalous sub-diffusion equation [J]. J. Comput. Appl. Math., 2020, 368: 112589.

[79] ADAMS R A. Sobolev spaces [M]. 2 ed.New York: Academic Press, 2003.

[80] 罗振东. 混合有限元法基础及其应用 [M]. 北京：科学出版社, 2006.

[81] 孙志忠, 高广花. 分数阶微分方程的有限差分方法 [M]. 北京：科学出版社, 2015.

[82] CIARLET P G. The finite element method for elliptic problems [M]. New York: North-Holland, Amsterdam, 1978.

[83] 郭柏灵, 蒲学科, 黄凤辉. 分数阶偏微分方程及其数值解 [M]. 北京：科学出版社, 2011.

[84] 刘发旺, 庄平辉, 刘青霞. 分数阶偏微分方程数值方法及其应用 [M]. 北京：科学出版社, 2015.

[85] 刘洋, 李宏. 偏微分方程的非标准混合有限元方法 [M]. 北京：国防工业出版社, 2015.

[86] PODLUBNY I. Fractional differential equations: an introduction to fractional derivatives, fractional differential equations to methods of their solution and some of

their applications [J]. Elsevier, 1998.

[87] LI C P, ZENG F H. Numerical methods for fractional calculus [M]. CRC Press, 2015.

[88] 王金凤. 非线性时间分数阶偏微分方程的几类混合有限元算法分析 [D]. 呼和浩特：内蒙古大学, 2018.

[89] LIU Y, DU Y W, LI H, et al. Some second-order θ schemes combined with finite element method for nonlinear fractional Cable equation [J]. Numer. Algor., 2019, 80: 533-555.

[90] TIAN W Y, ZHOU H, DENG W H. A class of second order difference approximations for solving space fractional diffusion equations [J]. Math. Comput., 2015, 84: 1703-1727.

[91] WANG Z B, VONG S W. Compact difference schemes for the modified anomalous fractional subdiffusion equation and the fractional diffusion-wave equation [J]. J. Comput. Phys., 2014, 277: 1-15.

[92] LIU Y, DU Y W, LI H, et al. A two-grid mixed finite element method for a nonlinear fourth-order reaction-diffusion problem with time-fractional derivative [J]. Comput. Math. Appl., 2015, 70(10): 2474-2492.

[93] LIU Y, DU Y W, LI H, et al. A two-grid finite element approximation for a nonlinear time-fractional Cable euqation [J]. Nonlinear Dyn., 2016, 85: 2535-2548.

[94] GORENFLO R, LUCHKO Y, STOJANOVIC M. Fundamental solution of a distributed order time-fractional diffusion-wave equation as probability density [J]. Fract. Calc. Appl. Anal., 2013, 16(2): 297-316.

[95] GAO G H, SUN H W, SUN Z Z. Stability and convergence of finite difference schemes for a class of time-fractional sub-diffusion equations based on certain superconvergence [J]. J. Comput. Phys., 2015, 280(1): 510-528.

[96] BREZZI F. On the existence, uniqueness and approximation of saddle-point problems arising from lagrangian multipliers [J]. SIAM J. Numer. Anal., 1974, 13: 155-297.

[97] GUO L, CHEN H. H^1-Galerkin mixed finite element method for the regularized long wave equation [J]. Computing, 2006, 77: 205-221.

[98] BABUSKA I. Error-bounds for the finite element method [J]. Numer. Math., 1971,16 : 322-333.

[99] PANI A K. An H^1-Galerkin mixed finite element methods for parabolic partial differential equations [J]. SIAM J. Numer. Anal., 1998, 35: 712-727.

[100] PANI A K, FAIRWEATHER G. H^1-Galerkin mixed finite element methods for parabolic partial integro-differential equations [J]. IMA J. Numer. Anal., 2002, 22（2）: 231-252.

[101] PANI A K, SINHA R K, OTTA A K. An H^1-Galerkin mixed finite element methods for second order hyperbolic equations [J]. Int. J. Numer. Anal. Model., 2004, 1（2）: 111-129.

[102] 郭玲，陈焕贞．Sobolev 方程的 H^1-Galerkin 混合有限元方法．系统科学与数学，2006, 26（3）: 301-314.

[103] LIU Y, LI H, WANG J F. Error estimates of H^1-Galerkin mixed finite element method for Schrödinger equation [J]. Appl. Math. J. Chinese Univ., 2009, 24（1）: 83-89.

[104] LIU Y, FANG Z C, LI H, et al. A mixed finite element method for a time-fractional fourth-order partial differential equation [J]. Appl. Math. Comput., 2014, 243: 703-717.

[105] LIU Y, DU Y W, LI H, et al. An H^1-Galerkin mixed finite element method for time fractional reaction-diffusion equation [J]. J. Appl. Math. Comput., 2015, 47（1-2）: 103-117.

[106] LIU Y, DU Y W, LI H, et al. Finite difference/finite element method for a nonlinear time-fractional fourth-order reaction-diffusion problem [J]. Comput. Math. Appl., 2015, 70（4）: 573-591.

[107] WANG J F, ZHANG M, LI H, et al. Finite difference H^1-Galerkin MFE procedure for a fractional water wave model [J]. J. Appl. Anal. Comput., 2016, 6: 409-428.

[108] WANG J F, LIU T Q, LI H, et al. Second-order approximation scheme combined with H^1-Galerkin MFE method for nonlinear time fractional convection-diffusion equation [J]. Comput. Math. Appl., 2017, 73（6）: 1182-1196.

[109] ZHAO Y M, CHEN P, BU W P, et al. Two mixed finite element methods for time-

fractional diffusion equations [J]. J. Sci. Comput., 2017, 70(1): 407-428.

[110] SHI Z G, ZHAO Y M, LIU F, et al. High accuracy analysis of an H^1-Galerkin mixed finite element method for two-dimensional time fractional diffusion equations [J]. Comput. Math. Appl., 2017, 74: 1903-1914.

[111] SUN H, SUN Z Z, GAO G H. Some temporal second order difference schemes for fractional wave equations [J]. Numer. Meth. Part. Differ. Equ., 2016, 32(3): 970-1001.

[112] ATANACKOVIC T M, PILIPOVIC S, ZORICA D. Distributed-order fractional wave equation on a finite domain.Stress relaxation in a rod [J]. Inte.J.Eng.SCI., 2011, 49(2): 175-190.

[113] GAO G H, SUN H W, SUN Z Z. Some high-order difference schemes for the distributed-order differential equations [J]. J. Comput. Phys., 2015, 298: 337-359.

[114] TOMOVSKI Z, SANDEV T. Distributed-order wave equations with composite time fractional derivative [J]. Int. J. Comput. Math., 2018, 95(6-7): 1100-1113.

[115] DEHGHAN M, ABBASZADEH M. A Legendre spectral element method (SEM) based on the modified bases for solving neutral delay distributed-order fractional damped diffusion-wave equation [J]. Math. Meth. Appl. Sci., 2018, 41(9): 3476-3494.

[116] LI X L, RUI H X. A block-centered finite difference method for the distributed-order time-fractional diffusion-wave equation [J]. Appl. Numer. Math., 2018, 131: 123-139.

[117] GHURAIBAWI A A, MARASI H R, DERAKHSHAN M H, et al. An efficient numerical method for the time-fractional distributed order nonlinear Klein-Gordon equation with shifted fractional Gegenbauer multi-wavelets method [J]. Phys. Scripta., 2023, 98: 084001.

[118] TAN Z J, ZENG Y H. Temporal second-order fully discrete two-grid methods for nonlinear time-fractional variable coefficient diffusion-wave equations [J]. Appl. Math. Comput., 2024, 466: 128457.

[119] WANG J F, YIN B L, LIU Y, et al. Mixed finite element algorithm for a nonlinear time fractional wave model [J]. Math. Comput. Simulat., 2021, 188: 60-76.

[120] XU J C. A novel two-grid method for semilinear elliptic equations [J]. SIAM J. Sci. Comput., 1994, 15(1): 231-237.

[121] XU J C. Two-grid discretization techniques for linear and nonlinear PDEs [J]. SIAM J. Numer. Anal., 1996, 33(5): 1759-1777.

[122] CHEN C J, LIU H, ZHENG X C, et al. A two-grid MMOC finite element method for nonlinear variable-order time-fractional mobile/immobile advection-diffusion equations [J]. Comput.Math.Appl., 2019, 79(9): 2771-2783.

[123] ZENG Y H, TAN Z J. Two-grid finite element methods for nonlinear time fractional variable coefficient diffusion equations [J]. Appl. Math. Comput., 2022, 434(1): 127408.

[124] LI K, TAN Z J. Two-grid algorithms based on FEM for nonlinear time-fractional wave equations with variable coefficient [J]. Comput. Math. Appl., 2023, 143(1): 119-132.

[125] HU H Z, CHEN Y P, ZHOU J W. Two-grid finite element method on grade meshes for time-fractional nonlinear Schrödinger equation [J]. Numer. Meth. Part. D. E., 2023, doi. org/10. 1002/num. 23073.

[126] DOUGLAS J J, DUPONT T. Alternating direction Galerkin methods on rectangles [M]. Numerical Solution of Partial Differential Equations (B. Hubbarded.), New York: Academic Press, 1971.

[127] DENDY J E, FAIRWEATHER G. Alternating-direction Galerkin methods for parabolic and hyperbolic problems on rectangular polygons [J]. SIAM J. Numer. Anal., 1975, 12(2): 144-163.

[128] DENDY J E. An analysis of some Galerkin schemes for the solution of nonlinear time dependent problems [J]. SIAM J. Numer. Anal., 1975, 12(4): 541-565.

[129] FERNANDES R I, FAIRWEATHER G. An alternating direction Galerkin method for a class of second-order hyperbolic equations in two space variables [J]. SIAM J. Numer. Anal., 1991, 28(5): 1265-1281.

[130] ZHANG Z, DENG D. A new alternating-direction finite element method for hyperbolic

equation [J]. Numer. Methods Partial Differ. Equ., 2007, 23(6): 1530-1559.

[131] LI L M, XU D, LUO M. Alternating direction implicit Galerkin finite element method for the two-dimensional fractional diffusion-wave equation [J]. J. Comput. Phys., 2013, 255: 471-485.

[132] LI L M, XU D. Alternating direction implicit Galerkin finite element method for the two-dimensional time fractional evolution equation [J]. Numer. Math. Theory Meth. Appl., 2014, 7(1): 41-57.

[133] CHEN A, LI C P. An alternating direction Galerkin method for a time-fractional partial differential equation with damping in two space dimensions [J]. Adv.Diff. Equ., 2017(1): 356.

[134] LI M, HUANG C M. ADI Galerkin FEMs for the 2D nonlinear time-space fractional diffusion-wave equation [J]. Int. J. Model. Simulat. Sci. Comput., 2017, 8(3): 1750025.

[135] CHEN A. Crank-Nicolson ADI Galerkin finite element methods for two classes of Riesz space fractional partial differential equations [J]. CMES-Comp.Model.Eng. Sci., 2020, 123(3): 917-939.

[136] QIU W L, FAIRWEATHER G, YANG X H, et al. ADI finite element galerkin methods for two-dimensional tempered fractional integro-differential equations [J]. Calcolo., 2023, 60: 41.

[137] HOU Y X, WEN C, LIU Y, et al. A two-grid ADI finite element approximation for a nonlinear distributed-order fractional sub-diffusion equation [J]. Netw. Heterog. Media, 2023, 18(2): 855-876.

[138] LIU Y, ZHANG M, LI H, et al. High-order local discontinuous Galerkin method combined with WSGD-approximation for a fractional subdiffusion equation [J]. Comput. Math. Appl., 2017, 73: 1298-1314.

[139] LI M, GU X M, HUANG C M, et al. A fast linearized conservative finite element method for the strongly coupled nonlinear fractional Schrodinger equations [J]. J. Comput. Phys., 2018, 358(1): 256-282.

[140] KUMAR D, CHAUDHARY S, KUMAR V V K S. Galerkin finite element schemes with fractional Crank-Nicolson method for the coupled time-fractional nonlinear diffusion system [J]. Comput. Appl. Math., 2019, 38: 123.

[141] FENG R H, LIU Y, HOU Y X, et al. Mixed element algorithm based on a second-order time approximation scheme for a two-dimensional nonlinear time fractional coupled sub-diffusion model [J]. Eng. Comput., 2020, doi. org/10. 1007/s00366-020-01032-9.

[142] LIU Y, FAN E Y, YIN B L, et al. TT-M finite element algorithm for a two-dimensional space fractional Gray-Scott model [J]. Comput. Math. Appl., 2020, 80: 1793-1809.